辽宁省职业院校
技术技能传承创新平台及名师工作室教材

油品在线智能调合作业指导书

YOUPIN ZAIXIAN ZHINENG TIAOHE
ZUOYE ZHIDAOSHU

潘长满　编著

化学工业出版社
·北京·

内 容 简 介

《油品在线智能调合作业指导书》以油品调合工作中遇到的理论知识、实践操作、设备要求等为出发点，系统介绍了有关汽油、柴油等调合组分的性质、生产工艺及其调合方法、调合设备、调合指标理论计算等基本理论、过程、方法，并以实际油品调合生产案例为对象进行较为详细的介绍分析。其中，在线油品自动调合系统介绍中也以实际生产为例，详细地介绍了调合过程控制和调合优化计算等。为了满足不同层次的需求，本书也适当介绍了传统的油罐成品油调合和最新的在线成品油调合的技术研究成果，特别是计算机在油品调合中的应用等。

本书针对性比较强，对于成品油在线智能调合系统的使用具有较大的指导意义，可作为油品调合教学、实际操作、生产及储运管理的培训教材，对于相关领域的研究人员及企业员工也有一定的参考价值。

图书在版编目（CIP）数据

油品在线智能调合作业指导书/潘长满编著. —北京：化学工业出版社，2019.10（2025.2重印）
ISBN 978-7-122-35349-8

Ⅰ.①油… Ⅱ.①潘… Ⅲ.①智能技术-应用-油品调合-高等学校-教材 Ⅳ.①TE624.6-39

中国版本图书馆CIP数据核字（2019）第223224号

责任编辑：王海燕　　装帧设计：王晓宇
责任校对：边　涛

出版发行：化学工业出版社（北京市东城区青年湖南街13号　邮政编码100011）
印　　装：北京科印技术咨询服务有限公司数码印刷分部
787mm×1092mm　1/16　印张5¾　字数129千字　2025年2月北京第1版第2次印刷

购书咨询：010-64518888　　售后服务：010-64518899
网　　址：http://www.cip.com.cn
凡购买本书，如有缺损质量问题，本社销售中心负责调换。

定　　价：26.00元

前言

随着世界经济的发展，人们的环境保护意识在不断增强。人们对世界温室效应“贡献”巨大的车辆尾气排放的要求也越来越严格，随之而来的是对油品质量更加苛刻的要求。

过去几年，我国石化企业在从劳动密集型企业向自动控制型企业转型。因此，油品在线智能调合系统得到了快速的发展，与传统的调合方法相比，在线智能调合系统更加科学合理，指标控制精准，能减少误操作和工人的体力劳动，很好地推动了企业的智能化生产。

本书介绍了汽油成品油调合方法、产品标准、油品调合设备、油品调合软件、油品调合添加剂等。其中软件部分结合北京众智惠诚公司研发软件进行功能性和使用实例的介绍。

本书可供油品调合科研人员参考，也可作为炼化企业调合人员、生产及储运管理人员的培训教材，特别是对院校学生进行油品调合的作业实践学习有很好的参考价值。

本书参考了部分其他相关图书的内容，结合现有的最先进的炼化装置成品油在线智能调合装置、最先进的智能调合软件，力求使理论和实际工作任务相互结合。

由于作者水平有限，书中难免有不妥之处，请各位读者批评指正。

编者

2020 年 8 月

目录

第一章 油品调合的概念及产品指标

第一节 油品调合的概念

油品调合就是把性质相近的几种石油产品按照一定的比例，通过一定的方法，利用一定的设备，通过混合均匀而生产出来一种符合要求的新的石油产品的生产过程。有时在此过程中还需要加入某种添加剂以改善油品的的特定指标和性能。在此过程中将各种石油馏分进行产品特性的检测，根据产品特性如：密度、十六烷值、辛烷值、馏分温度、黏度、杂质含量等指标，按照国家标准油品规范进行调合，使其以最低的成本达到国家标准燃油要求。

油品调合是炼油企业石油产品在出厂前的最后一道工序，是油品储运专业一项基本的基础操作技能，是储运工作中的一项基础工作。油品调合工作要求非常严格，技术性比较强，涉及的能力和知识都比较广泛。油品调合工作不仅要求具备油品物理性质知识、计算机应用知识、仪表自控知识等，还需要有质量意识、成本意识、效益意识、安全环保意识，更要有丰富的实践经验。油品调合工作就是要用最少的优质的原料、以较短的时间，调出完全合乎质量要求的产品，而且尽可能实现调合一次成功，从而为企业创造出最大的经济效益。

油品调合的作用和目的：石油经过蒸馏、精馏和其他二次加工装置生产出的一次产品油，除了少数产品可以直接作为商品出厂外，对绝大多数一次产品油来说，还需要进行调合，来生产出各种牌号的合格产品，即达到使用要求的性质并保证质量合格和稳定。

油品调合能改善油品的性能，提高产品质量登记，增加企业和社会效益；充分利用原料，合理使用组分增加产品品种和数量，满足市场需求。

第二节 成品油调合的指标

物理性能指标是衡量石油产品使用性能常用的简易尺度。因为一般化学分析都比较复杂，且需要的时间也长，对控制生产和实际使用不太适用。衡量石油产品的使用性能，除了要了解石油产品的组分和结构，还要采用光谱、极谱、质谱等仪器分析，以及应用示踪原子等快速而精确的分析方法及自动化分析方法，以满足生产和使用上的要求。例如，最近在测定润滑油的铁、钠、钡、钙、硫、磷、氮等含量方面，已经采用色谱、质谱或极谱等仪器分析方法，代替费时的传统物理化学分析方法；在研究润滑油使用过程中的变化时，应用了示踪原子方法。采用计算方法、图表方法以及电子计算机等近代科技方法，节省了人力、物力及时间。控制石油产品常用的主要理化指标有：密度（或相对密度）、馏程、黏度、凝点或浊点、闪点、硫含量、酸度或酸值、残炭、灰分、机械杂质和水分以及某些特定的金属含量等。某些使用性能指标同样受到重视。

一、汽油调合的质量指标

汽油是由4～12个碳原子构成的烷烃、芳烃和烯烃等组成的混合物；汽油在常温下为无色至淡黄色的易流动液体，很难溶解于水，易燃，馏程为30～220℃，空气中含量为74～123g/m^3时遇火爆炸。汽油的热值约为44000kJ/kg（燃料的热值是指1kg燃料完全燃烧后所产生的热量），密度范围为0.70～0.78g/cm^3。

汽油由原油分馏及重质馏分裂化制得。原油加工过程中，蒸馏、催化裂化、热裂化、加氢裂化、催化重整、烷基化等装置都产出汽油组分，但辛烷值不同，如直馏汽油辛烷值低，不能单独作为发动机燃料。此外，杂质硫含量也不同，因此硫含量高的汽油组分还需加以脱硫精制，之后，将上述汽油组分加以调合，必要时需加入高辛烷值组分，最终得到符合国家标准的汽油产品。

汽油是用量最大的轻质石油产品之一，是引擎的一种重要燃料。

根据制造过程，汽油组分可分为直馏汽油、热裂化汽油（焦化汽油）、催化裂化汽油、催化重整汽油、叠合汽油、加氢裂化汽油、烷基化汽油和合成汽油等。

汽油产品根据用途可分为喷气燃料、车用汽油、溶剂汽油三大类。前两者主要用作汽油机的燃料，广泛用于汽车、摩托车、快艇、直升机、农林业用飞机等。溶剂汽油则用于合成橡胶、涂料、油脂、香料等；汽油组分还可以溶解油污等水无法溶解的物质，起到清洁油污的作用；汽油组分作为有机溶液，还可以作为萃取剂使用。

1. 辛烷值

辛烷值是交通工具所使用的燃料（汽油）抵抗爆震的指标。汽油内有多种碳氢化合物，其中正庚烷在高温和高压下较容易引发自燃，造成爆震现象，减低引擎效率，更可能引致汽缸壁过热甚至活塞损裂。因此正庚烷的辛烷值定为零，而异辛烷其爆震现象很小，其辛烷值定为100。其他的碳氢化合物也有不同的辛烷值，有可能小于0（如正辛烷），也有可能大于100（如甲苯）。因此，汽油中的辛烷值直接取决于汽油内各种碳氢化合物的成分比例。

辛烷值是汽油最重要的使用性能指标，是代表汽油质量水平和规定标号的，用以表示汽油的抗爆性，即汽油在发动机内燃烧时抵抗爆震的能力，汽油辛烷值高，表示其抗爆性好。汽油的牌号是以辛烷值来分的，如95# 汽油的辛烷值不低于95个单位。

提高汽油辛烷值的方法主要有两种：一种是增加或者加入高辛烷值组分；另一种是在汽油中加入抗爆剂。常用的测定方法有马达法和研究法。

（1）马达法　一种燃料的马达法辛烷值是在标准操作条件下，将该燃料与已知辛烷值的参比燃料混合物的爆震倾向相比较而确定的。具体的做法是借助于改变压缩比，并用一个电子爆震表来测量爆震强度而获得标准爆震强度。

（2）研究法　目前，车用汽油国家标准中规定检测车用汽油抗爆性的方法采用研究法辛烷值测试法（GB/T 5487—2015）和马达法辛烷值测试法（GB/T 503—2016）。测试标准条件不同是研究法辛烷值测试法和马达法辛烷值测试法最主要的区别。两种测试方法都是在各自的标准操作条件下，用电子爆震表测定被测燃料和已知参比燃料的爆震强度，然后将被测燃料的爆震倾向与已知辛烷值的参比燃料的爆震倾向相比较来确定被测燃料的辛烷值。具体的做法可以采用内插法和压缩比法。

① 内插法。在单缸机压缩比保持不变的情况下，使被测燃料的爆震表读数位于两个已知辛烷值的参比燃料（辛烷值之差不能大于 2）的爆震表读数之间，然后再用内插法计算被测燃料的辛烷值。内插法计算公式如下：

$$x=\frac{b-c}{b-a}(A-B)+B$$

式中　x——被测车用汽油的辛烷值；

A——参比燃料（高辛烷值）对应的辛烷值；

B——参比燃料（低辛烷值）对应的辛烷值；

a——参比燃料（高辛烷值）对应的平均爆震表读数；

b——参比燃料（低辛烷值）对应的平均爆震表读数；

c——被测车用汽油的平均爆震表读数。

② 压缩比法。用参比燃料标定出发动机的标准爆震强度，然后换成被测燃料，通过调整气缸高度（压缩比），使被测燃料的爆震强度与参比燃料的爆震强度相同，记录此时的气缸高度，然后查表得出被测燃料的辛烷值。

（3）红外光谱法　研究法辛烷值测试法和马达法辛烷值测试法均无法满足生产过程中在线测试要求，同时在实际测试燃料辛烷值的过程中，上述两种方法还具有测试速度慢、测试费用非常高和有害污染物排放多等缺点。目前快速检测燃料辛烷值的方法有红外光谱法、气相色谱法和核磁共振光谱法等。由于具有成本低廉、测试速度快、测试过程中不会产生排放污染和测试消耗被测燃料少等优点，红外光谱法逐渐成为车用汽油辛烷值测定的主流技术。红外光谱法的基本原理就是利用红外光谱测定车用汽油中的不同组分和各组分所占的比例，然后根据各组分对辛烷值的贡献情况，分析计算得出被测车用汽油的辛烷值。

（4）行车法　由于实验室法所测定的辛烷值不能完全反映汽车在道路上行驶时汽油的实际抗爆能力，一些国家还采用行车法来评定汽油的实际抗爆性能，用该方法所测出的辛烷值，称为道路辛烷值。因为行车法比较复杂，实际应用时多采用经验公式计算而得。经验公式如下：

$$\text{修正联合法道路辛烷值}=30.97+0.306\text{RON}+0.364\text{MON}$$

式中　RON——研究法辛烷值；

MON——马达法辛烷值。

按该式计算得到的道路法辛烷值，其数值介于马达法辛烷值和研究法辛烷值之间。目前我国车用汽油国家标准尚未对车用汽油道路法辛烷值做出规定。

（5）介电常数法辛烷值　汽油的辛烷值不同其介电常数 ε 也不同，辛烷值大的汽油介电常数也大，如果能测定介电常数，就可以计算出辛烷值。介电常数的变化可用电容的容值变化来测定。该方法设备体积小、功耗低、价格低，具有温度补偿，便于野外作业。实现的电路简单可靠，但存在无法测量汽油中加入有机溶质的局限性。

2. 蒸气压

一定外界条件下，液体中的液态分子会蒸发为气态分子，同时气态分子也会撞击液面回归液态。这是单组分系统发生的两相变化，一定时间后，即可达到平衡。平衡时，气态分子含量达到最大值，这些气态分子撞击液体所能产生的压强，简称蒸气压。蒸气压反映溶液中有少数能量较大的分子有脱离溶液进入空间的倾向，这种倾向也称为逃逸倾向。蒸气压不等同于大气压。在饱和状态时，湿空气中水蒸气分压等于该空气温度下纯水的蒸气压。

汽油的蒸气压高，就意味着挥发性强，也就是轻组分较多，在冬天汽油发动机容易启动，但是在夏天蒸气压太高了就容易产生气阻。

3. 诱导期

汽油和氧气在一定条件下（100℃，氧气压力 $7kg/cm^2$，$1kg/cm^2 \approx 98.07kPa$）接触，从开始到汽油吸收氧气、压力下降为止，这段时间称为诱导期，以分钟表示。

诱导期是保证汽油在储存中不致迅速变质生胶或增长酸度的指标，也是使发动机汽化器不致结胶、油门不致冻结、进气阀不致结焦积炭以及有关机件不受腐蚀的指标。影响汽油诱导期的主要原因，是汽油中的二烯烃和一些不安定的含极性的原子或极性官能团的化合物。

汽油的诱导期越短，安定性越差，结胶越快，可储存的时间也越短。提高汽油的安定性，除改变汽油的组成外，还可以在汽油中加入酚或胺型抗氧化剂和金属钝化剂等。国家标准规定汽油的诱导期不小于 480min。

4. 实际胶质

实际胶质是指 100mL 燃料在规定条件下蒸发后残留的胶状物质的毫克数，用以评定汽油在发动机中生成胶质的趋向，也是表示安定性好坏的一项指标。实际胶质大的汽油颜色变深，使用时容易在发动机中产生胶状积物，影响发动机的正常工作。

为保护环境，防止大气污染，规定无铅车用汽油硫质量含量小于 0.08%。因汽油在发动机中完全燃烧时大约生成与汽油等量的水分，与硫化物燃烧生成的二氧化硫和三氧化硫，废气中的二氧化碳和乙基液燃烧后生成的溴酸、盐酸等酸性物质，在停车时被水分溶解凝结在排气管及排气门上而发生腐蚀。在发动机中汽油不完全燃烧的废气成分中，如废气总量为 $0.83m^3$，则其中二氧化碳为 $0.172m^3$，一氧化碳为 $0.62m^3$，氢为 $0.03m^3$，氧为 $0.001m^3$，氮为 $0.581m^3$ 及少量的二氧化硫和三氧化硫以及氧化氢等，另有水分 0.82kg。一旦排气温度降到露点以下时，则会发生排气系统的腐蚀。

车用汽油国Ⅴ标准与国Ⅵ标准对比见表 1-1。

表 1-1　车用汽油国Ⅴ标准与国Ⅵ标准对比

项目	国Ⅴ			国ⅥA			国ⅥB		
	89	92	95	89	92	95	89	92	95
抗爆性：									
研究法辛烷值(RON)	89	92	95	89	92	95	89	92	95
抗爆指数(RON+MON)/2	84	87	90	84	87	90	84	87	90
铅含量/(g/L)　≤	0.005			0.005			0.005		

续表

项目		国Ⅴ			国ⅥA			国ⅥB		
		89	92	95	89	92	95	89	92	95
馏程：										
10%蒸发温度/℃　　≤		70			70			70		
50%蒸发温度/℃　　≤		120			110			110		
90%蒸发温度/℃　　≤		190			190			190		
终馏点/℃　　≤		205			205			205		
残留物(体积分数)/%　　≤		2			2			2		
蒸气压/kPa	11月1日至4月30日	45～85			45～85			45～85		
	5月1日至10月31日	40～65			40～65			40～65		
胶质含量/(mg/100mL)：										
未洗胶质含量(加入清洁剂前)　　≤		30			30			30		
溶剂洗胶质含量　　≤		5			5			5		
诱导期/min　　≥		480			480			480		
硫含量(质量分数)/(mg/kg)　　≤		10			10			10		
硫醇(博士实验)		通过			通过			通过		
铜片腐蚀(50℃,3h),级　　≤		1			1			1		
水溶性酸或碱		无			无			无		
机械杂质及水分		无			无			无		
苯含量(体积分数)/%　　≤		1			0.8			0.8		
芳烃含量(体积分数)/%　　≤		40			35			35		
烯烃含量(体积分数)/%　　≤		24			18			15		
氧含量(质量分数)/%　　≤		2.7			2.7			2.7		
甲醇含量(质量分数)/%　　≤		0.3			0.3			0.3		
锰含量/(g/L)　　≤		0.002			0.002			0.002		
铁含量/(g/L)　　≤		0.01			0.01			0.01		
密度(20℃)/(kg/m³)		720～775			720～775			720～775		

注：车用汽油国Ⅴ标准2019年1月1日起废止，车用汽油国ⅥA标准2019年1月1日起执行；车用汽油国ⅥA标准2023年1月1日起废止，车用汽油国ⅥB标准2023年1月1日起执行。

二、柴油调合的质量指标

柴油是轻质石油产品，复杂烃类（碳原子数为10～22）混合物，为柴油机燃料。柴油主要由原油蒸馏、催化裂化、热裂化、加氢裂化、石油焦化等过程生产的柴油馏分调配而成，也可由页岩油加工和煤液化制取。

但是与汽油相比，柴油含更多的杂质，它燃烧时也更容易产生烟尘，造成空气污染。但柴油不像汽油般会产生有毒气体，因此比汽油更环保和健康。但其硫氧化合物（SO_x）的污染是一个需要重视的问题。

由于柴油机较汽油机热效率高、功率大、燃料单耗低，比较经济，故应用日趋广泛。它主要作为拖拉机、大型汽车、内燃机车及土建、挖掘机、装载机、渔船、柴油发电机组和农用机械的动力。柴油是复杂的烃类混合物，碳原子个数为10～22。0# 柴油主要由原油蒸馏、催化裂化、加氢裂化、减黏裂化、焦化等过程生产的柴油馏分调配而成（还需经精制和加入添加剂）。柴油分为轻柴油（沸点范围为180～370℃）和重柴油（沸点范围为350～410℃）两大类。柴油使用性能中最重要的是着火性和流动性，其技术指标分别为十六烷值和凝点，我国柴油现行规格中要求含硫量控制在0.5%～1.5%。

柴油按凝点分级，轻柴油有10#、5#、0#、－10#、－20#、－35#、－50#七个牌号，重柴油有10#、20#、30#三个牌号。

一般来讲，5#柴油适用于气温在8℃以上时使用；0#柴油适用于气温在4～8℃时使用；－10#柴油适用于气温在－5～4℃时使用；－20#柴油适用于气温在－14～－5℃时使用；－35#柴油适用于气温在－29～－14℃时使用；－50#柴油适用于气温在－44～－29℃或者低于该温度时使用。

柴油性能判定的指标一般有冷滤点、凝点、十六烷值、闪点、馏程、黏度、残炭值、硫含量、酸度和水溶性酸及碱、灰分和水分及机械杂质等。

1. 冷滤点

冷滤点是降试油在规定条件下冷却，在1960Pa真空压力下进行抽吸，使试油1min内通过过滤器（363目/in，表示边长为2.54cm的正方形上有363个孔眼）不足20mL的最高温度。冷滤点是模拟发动机的实际工作情况，近似于发动机的实际使用条件。实验证明，柴油的冷滤点与柴油的最低使用温度有着良好的对应关系。目前，国内外广泛采用冷滤点评价柴油的低温流动性。冷滤点法比浊点、凝点更具有实用性。因为柴油温度将至浊点时，由于蜡结晶颗粒很小，并不一定会引起滤清器堵塞，而在温度尚未降至凝点之前，滤清器就已经堵塞了，所以浊点和凝点的实用意义不大，国外许多国家使用冷滤点测定法取代了浊点和凝点测定法。

为了改善柴油的低温流动性，通常在油中加入降凝剂，又称低温流动改进剂。柴油中加入降凝剂后，可在低温下使石蜡结晶分散，降低柴油的冷滤点和凝点，改善柴油在低温下的流动性。我国生产的降凝剂有乙烯-乙酸乙烯酯共聚物等。

2. 凝点

凝点是柴油在低温下失去流动性的最高温度。我国柴油的牌号就是按柴油的凝点划分的。凝点是柴油储存、运输和油库收发作业的低温界限温度，同时与柴油低温使用性能有一定的关系。凝点越低的柴油，低温下输送、转运作业越顺利，在柴油机燃料系统中供油性能越好，柴油凝点比环境温度低5～7℃，即可保证柴油顺利地进行抽注、运输和储存。

含蜡很少的低黏度油品低温下黏度增大是使油品不能流动的主要原因，而含蜡较多的油品低温下石蜡的结晶是使油品不能流动的主要原因。当温度低至结晶点以下时，燃料中的蜡开始结晶。随着温度的下降，结晶呈网状发展，燃料中的低凝组分则被吸附在众多的网眼中，终于使液体失去流动性。因此，燃料的馏分越重或含蜡越多，其凝点也越高。

凝点是燃料在低温换装、发放和储运中的重要质量指标。在低温下长期静置的燃料，如果温度降至凝点以下，便无法向车辆的油箱加油。发动机使用凝点过高的燃料，停车后将很难再发动汽车。因此，在室外工作的发动机一般应使用凝点低于周围气温5～7℃以上的燃料，才能保证发动机的正常工作。

由于柴油的低温性能与其使用较为密切，所以国产柴油的牌号都用凝点来表示。如

10# 、5# 、0# 、−10# 轻柴油的凝点分别不高于 10℃、5℃、0℃和−10℃。

柴油的凝点都由其烃组成所决定。柴油的烷烃（尤其是正构烷烃）含量越多或其相对分子量越大则凝点越高。国产原油石蜡基的较多，其直馏柴油的凝点一般都较高。为了生产低凝点柴油，需选择合适的原油（如克拉玛依原油），或进行脱蜡处理。因正构烷烃十六烷值高，所以采用脱蜡工艺生产低凝点的柴油不仅产率会降低，而且十六烷值也会降低，因而生产成本较高，很少单独采用。

3. 十六烷值

十六烷值是指和柴油的抗爆性相当的标准燃料（由十六烷和甲基萘组成）中所含正十六烷的百分数。如十六烷值为 45 的柴油，表示其抗爆性相当于 45%的正十六烷和甲基萘所组成的标准燃料的抗爆性，十六烷值用以表示柴油的抗爆性，是柴油燃烧性能的标志。十六烷值高的柴油，在柴油机中燃烧时不易产生爆震；但柴油的十六烷值也不宜过高，否则，燃烧不完全，耗油量增大。一般十六烷值控制在 40～60 之间。

4. 闪点

易燃、可燃液体（包括具有升华性质的可燃固体）表面挥发的蒸气浓度随其温度上升而增大，这些蒸气与空气形成混合气体。当蒸气达到一定浓度时，如与火源接触，就会产生一闪即灭的瞬间燃烧，这种现象称为闪燃。

在规定的试验条件下，液体发生闪燃的最低温度叫作闪点。

目前，我国测定闪点的方法有两种：对闪点较低的液体，一般采用闭口杯法（国家标准 GB/T 261—2008）；对闪点较高液体，一般采用开口杯法（国家标准 GB/T 3536—2008）。

闪点是表征液体油品储运和使用的安全指标，在低于这一温度时，可能蒸发的轻质组分浓度不能达到爆炸限度的指标。闪点也是说明油品蒸发倾向性的指标。

5. 馏程

油品是复杂的混合物，它的沸点随着气化率增加而不断升高，直至达到某个最高温度。油品蒸馏时，从开始有油品馏出时的最低温度到最后达到的最高气相温度这一温度范围称为油品的馏程。

馏程是保证柴油在发动机燃烧室内迅速蒸发气化和燃烧的重要指标。我国轻柴油规定 50%馏出温度不得高于 300℃，90%馏出温度不得高于 355℃，95%馏出温度不得高于 365℃。柴油机的启动性能取决于柴油的初馏点和 10%馏出温度，柴油的轻质馏分可以保证良好的喷油雾化和迅速蒸发并形成均匀的混合气，以利于燃烧。

馏程是轻质油品重要的试验项目之一，其目的在于用它来判断石油产品中轻、重馏分组成的多少。从车用汽油的馏程可看出它在使用时启动、加速和燃烧的性能。汽油的初馏点和 10%馏出温度过高，冷车不易启动，而这两个温度过低又易产生气阻现象。汽油的 50%馏出温度是表示它的平均蒸发性，它能直接影响发动机的加速性。如果 50%馏出温度低，它的蒸发性和发动机的加速性就好，工作也较稳定。汽油的 90%馏出温度和终馏点表示汽油中不易蒸发和不能完全燃烧的重质馏分的含量，这两个温度低，表明其中不易蒸发的重质组分少，能够完全燃烧；反之，则表示重质组分多，汽油不能完全蒸发和燃烧，如此就会增加油耗，又有可能稀释润滑油，以致加速机件磨损。

对溶剂油来说通过馏程可以看出它的蒸发速度，对不同的工艺有不同的要求。溶剂油就是以溶剂油的终馏点或98%馏出温度作为其牌号的，如120# 溶剂油即指它的98%馏出温度不高于120℃。

6. 黏度

牛顿指出，当流体内部各层之间因受外力而产生相对运动时，相邻两层流体交界面上存在着内摩擦力。液体流动时，内摩擦力的量度称为黏度，黏度值随温度的升高而降低。大多数润滑油是根据黏度来判分牌号的。

黏度的一般表示方式有五种，即动力黏度、运动黏度、恩氏黏度、雷氏黏度和赛氏黏度。

根据牛顿定律

$$F=\mu S\frac{\mathrm{d}v}{\mathrm{d}L}$$

式中 F——两液层之间的内摩擦力，N；

S——两液层之间的接触面积，m^2；

L——两液层之间的距离，m；

v——两液层间相对运动速度，m/s；

μ——内摩擦系数，即该液体的动力黏度，Pa·s。

当 $S=1\mathrm{m}^2$，$\frac{\mathrm{d}v}{\mathrm{d}L}=1\mathrm{s}^{-1}$，$\mu=F$ 时，动力黏度μ的物理意义，可理解为在单位接触面积上相对运动速度梯度为1时，流体产生的内摩擦力。

运动黏度是动力黏度μ与相同温度、压力下该流体密度的比值$\left(v=\frac{\mu}{\rho}\right)$，$\mathrm{m}^2/\mathrm{s}$。

恩氏黏度、雷氏黏度、赛氏黏度都是用特定仪器在规定条件下测定的黏度值，所以也称为条件黏度。

黏度是流黏滞特性的一种量度，是流体流动时其内部摩擦现象的一种表示，黏度大表示内摩擦力大，内摩擦力又是由液体燃料或润滑油分子间的亲和力和吸引力所决定的，分子量越大、碳氢结合越多，这种力量也越大。黏度定义是作用与流体的剪切力与剪切变形之比值，其单位为Pa·s。黏度是保证柴油喷油雾化、喷油距离和扩散度及高压泵与喷嘴柱塞副润滑要求的指标。

7. 残炭值

蒸馏10%残余物的残炭值是表示柴油在柴油机的燃烧室里燃烧时可能发生结焦积炭的指标。从残炭值可以判断柴油中胶质、芳烃和烯烃的含量，说明其燃烧性能。柴油机使用残炭值大的柴油时，检修期可能缩短，因燃烧室积炭较快，严重时使柴油机不能正常工作。

8. 硫含量

硫含量是控制柴油中硫化物的指标，硫化物燃烧后生成二氧化硫或三氧化硫，遇水形成硫酸或亚硫酸而腐蚀机械，尤其是二氧化硫或三氧化硫气体会污染大气，含大量硫化物的燃烧废气进入汽缸壁和曲轴箱，会使柴油机润滑油加速变质和发生腐蚀。

9. 酸度和水溶性酸及碱

酸度和水溶性酸及碱是控制柴油有机酸含量和不含无机酸、碱，以保证柴油储运容器和柴油机燃料系统不受腐蚀，防止因此而增加发动机喷油嘴结焦积炭的指标。低分子量有机酸除表现于酸度外，因溶于水也表现在水溶性酸上。柴油酸度过大或含水溶性酸、碱时，除带来腐蚀外，还会造成柴油的乳化现象。

10. 灰分

灰分是间接反映柴油中的铁、硅、钠、钾及钒等化合物含量的指标，也是直接反映柴油燃烧后影响燃烧室结垢和发动机磨损的指标。特别是含硫较多的柴油，灰分中含有五氧化二钒时，对燃烧生成的二氧化硫起催化作用，生成三氧化硫，遇水分生成硫酸，腐蚀机械，这是十分有害的，因而轻柴油的灰分都要控制在0.01%以下。

11. 水分及机械杂质

水分及机械杂质是反映柴油是否受污染的指标。由于混进自然水分必然带进无机盐类而增加灰分和结垢，以致使发动机磨损增大，同时也易造成柴油乳化变质。机械杂质除堵塞滤油器和供油管外，还严重磨损高压油泵和喷油嘴，因而对机械杂质要严格控制，不允许其存在。

三、航空喷气燃料质量指标

航空喷气燃料主要由原油蒸馏的煤油馏分经精制加工，有时还加入添加剂制得，也可由原油蒸馏的重质馏分油经加氢裂化生产。分汽油型（馏分80～260℃）、宽馏分型（50～305℃）和煤油型（180～330℃）三大类，广泛用于各种喷气式飞机。煤油型喷气燃料也称航空煤油。喷气燃料产量，在第二次世界大战后，随喷气式飞机的发展而急剧增长，目前已远超过航空汽油。中国于1961～1962年用国产原油试制喷气燃料成功并投入生产。

石油燃料馏分越轻，燃烧性能越好，启动也越方便，有利于降低燃料的冰点，但随之也带来容易发生气阻和减少油箱重量加油量。馏分较重时不但可以增加体积发热量有利于增加续航距离，而且超音速飞机在大气层摩擦发热情况下，油箱燃料不至于蒸发或发生气阻，但也带来不便启动或燃烧不完全而产生积炭的缺点，并且由于未完全燃烧在燃烧室壁或透平叶片上积炭而产生局部过热的现象，可能造成事故。因此，喷气燃料的馏分必须根据各有关因素选定。目前已用的馏分一般为150～250℃，也有扩大到65～350℃的。有的规定馏分中含萘等衍生物不得超过3%，终沸点不得高于320℃或330℃。

航空喷气燃料要保证在任何情况下，都能正常喷油雾化，并在空燃比（60～120）∶1的大量过剩空气的条件下，都能顺利正常燃烧，因而要严格控制馏分和黏度。

为确保飞行安全必须保证供油系统的畅通，要求喷气燃料不得含水分及机械杂质，在喷气燃料加入飞机油箱之前需进行粗、中、细3次过滤，还有推荐用电净化方法彻底净化的。一般控制喷气燃料的含水量不得超过30mL/m^3，杂质控制在“无”或1mg/L以下。

喷气燃料标准中规定的理化性能指标都是保证燃料良好燃烧和飞机安全飞行的。烷烃燃烧性好，冷却效果也好，但结晶点高，因而也受到限制。例如苏联的喷气燃料约含芳烃15%～20%，烷烃33%～61%，环烷烃21%～45%，烯烃1.0%～3.0%，硫0.2%～0.4%，硫醇0.001%～0.01%。

1. 安定性

喷气燃料在储存过程中容易变化的质量指标有胶质、酸度及颜色等。胶质和酸度增加的原因是由于其中含有少量不安定的成分，如烯烃、带不饱和侧链的芳香烃以及非烃等。喷气燃料质量标准中对实际胶质、碘值以及硫、硫醇含量都作了严格的规定。

储存条件对喷气燃料的质量变化有很大影响，其中最重要的是温度。当温度升高时，燃料氧化的速度加快，使胶质增多及酸度增大，同时也使燃料的颜色变深。此外，与空气的接触、与金属表面的接触以及水分的存在，都能促进喷气燃料氧化变质。

当飞行速度超过音速以后，由于与空气摩擦生热，使飞机表面温度上升，油箱内燃料的温度也上升，可达100℃以上。在这样高的温度下，燃料中的不安定组分更容易氧化而生成胶质和沉淀物。这些胶质沉积在热交换器表面上，导致冷却效率降低；沉积在过滤器和喷嘴上，则会使过滤器和喷嘴堵塞，并使喷射的燃料分配不均，引起燃烧不完全等。因此，对长时间作超音速气行的喷气飞机，喷气燃料要求具有良好的热安定性。

喷气燃料的热安定性主要取决于其化学组成。研究表明，喷气燃料中的饱和烃生成的沉淀物很少，而加入芳香烃后沉淀物就呈十倍地增多；而燃料中的胶质和含硫化合物也会使其热安定性显著变差，使产生的沉淀物量大大增加。

2. 结晶点（冰点）

结晶点（或称冰点）是喷气燃料的主要使用指标。结晶点是目测有结晶出现时的最高温度。喷气飞机在冬季低温情况下，一旦燃料中析出冰块或石蜡结晶，则会堵塞燃料滤清器及输油系统造成危害，因而必须保证军用喷气燃料的冰点在－60℃以下，民用喷气燃料的冰点在－40℃以下。为防止水分结冰，喷气燃料规定没有水分，即最多不许超过0.002%～0.005%。为防止结冰，喷气燃料一般加入乙二醇基甲基醚等防冰剂0.10%～0.15%（体积分数）。

3. 雾化性能及蒸发性

喷气燃料的雾化性能和蒸发性取决于燃料的馏程、蒸气压和黏度。10%馏出温度直接影响启动性，90%馏出温度是控制重质馏分不能过多，也说明雾化蒸发难易和燃烧完全与否的指标。蒸气压是直接影响蒸发性的指标，蒸气压为46.7～65.3kPa的喷气燃料在－54℃下也可能启动，同时也是控制发生气阻和防止油箱蒸发损失的指标。但近年使用密闭燃料加压给油系统已基本解决了气阻问题，黏度直接关系到雾化性的好坏，同时也是保证燃料油泵润滑的指标。

4. 硫醇

硫醇能直接影响燃料系统的塑料材料和金属制品，要求不许对塑性材料、橡胶件等和金属材料有所侵蚀，因此硫醇含量不许超过0.005%，有些严格要求在0.001%以下。同时，对总硫量也有限制，含硫多导致燃烧中增加积炭并使积炭变硬，黏在燃烧室壁上影响导热而使局部过热，可能损害发动机金属结构。但含硫太少又会使燃烧室金属材料发生渗碳，也是不利的。

5. 防菌性

为防止细菌的产生，可加入相当于硼浓度10～20mg/kg^{3}的杀菌剂。

6. 防静电性

为防止产生静电引起火灾和爆炸事故，可向燃料中加入由烷基水杨酸铬盐、磺酰琥珀酸钙盐及甲基丙烯酸酯和甲基乙烯吡啶的共聚物组成的防静电剂 1mg/L³。

7. 发热量和密度

航空业为提高喷气发动机燃烧室单位容积的热效率，延长飞机的续航距离，要求燃料的发热量要高（质量发热量要求在 43.12MJ/kg 以上），同时要求密度在 0.775g/cm³ 以上。

四、车用乙醇汽油指标

乙醇是以高粱、玉米、小麦、薯类、糖蜜等为原料，经发酵、蒸馏而制成的。将乙醇液中含有的水进一步除去，再添加适量的变性剂（为防止饮用）可形成变性燃料乙醇。2001 年 4 月 2 日，国家质量技术监督局发布了《变性燃料乙醇》和《车用乙醇汽油》两项国家标准，并于 2001 年 4 月 15 日开始实施（随着产业的发展，目前这两个标准已更新）。根据《关于扩大生物燃料乙醇生产和推广使用车用乙醇汽油的实施方案》要求，到 2020 年，全国范围内将基本实现车用乙醇汽油全覆盖。

1. 蒸气压和氧含量

乙醇在 40℃时的蒸气压为 18kPa，远低于汽油的蒸气压，但将乙醇添加到汽油中后，乙醇汽油的蒸气压将升高。在加入 5.7%（体积分数）乙醇时达到最大值，其后随乙醇加入量的增加乙醇汽油蒸气压有所下降，但即使乙醇加入量增加到 15%（体积分数）时，蒸气压仍比不加乙醇的汽油高 3kPa 左右。乙醇含量对乙醇汽油蒸气压的影响见图 1-1。

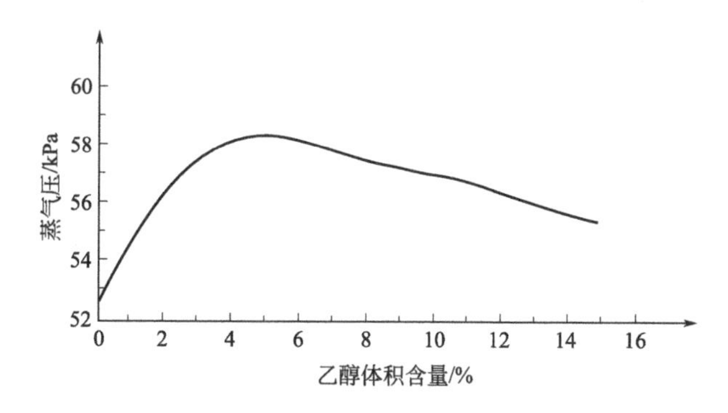

图 1-1　乙醇含量对乙醇汽油蒸气压的影响

国标《车用乙醇汽油（E10）》（GB 18351—2017）中规定，车用乙醇汽油中不得人为加入其他含氧化合物。因此，10%（体积分数）乙醇汽油的氧含量为 3.5%（质量分数）。

2. 水溶性

车用乙醇汽油允许的水含量，与温度和乙醇含量有关，温度越低水含量允许值越低，乙醇含量越低水含量允许值也越低。对于 10%（体积分数）车用乙醇汽油，如果含水 0.27%（体积分数），则温度降到 20℃就会产生相分离。车用乙醇汽油相分离温度与水含量的关系见图 1-2。

3. 腐蚀性

车用乙醇汽油具有轻微的腐蚀性，这是由于变性燃料乙醇中存在微量乙酸。但试验表明车用乙醇汽油除对紫铜腐蚀明显外，对其他金属的腐蚀不明显。通常在车用乙醇汽油中加入适量腐蚀抑制剂，以有效抑制微量有机酸对黄铜和紫铜的腐蚀，并改善其他金属的耐腐蚀性。

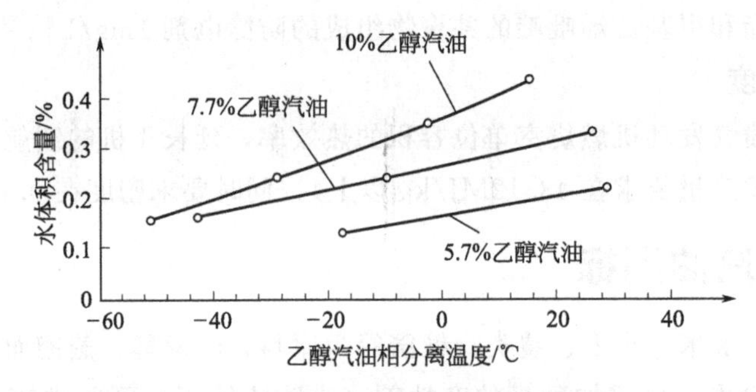

图 1-2　乙醇汽油相分离温度与水含量关系

4. 溶解性

车用乙醇汽油具有一定的溶解能力，可以使橡胶和塑料产生软化、溶涨的现象。试验证实氯丁橡胶、顺丁橡胶、丁腈橡胶、硅橡胶、氟橡胶、尼龙、聚四氟乙烯以及缩醛树脂的耐油性和抗乙醇汽油的溶涨性较好，氰化丁腈橡胶、氯化聚醚、丁基橡胶、聚氨酯橡胶和聚氨酯等抗乙醇汽油的溶涨性较差。

第二章 油品调合的方法

目前，常用的油品调合工艺可分为两种方式：油罐调合和管道调合。油罐调合有时称为间歇调合、离线调合、批量的罐式调合；管道调合有时称为连续调合、在线调合、连续在线调合。这两种不同的调合工艺由于都有各自独有的特点和不同的适用场合，所以目前两种调合工艺共存。有时也将油品调合工艺分为三种方式：罐式调合、罐式-管道调合（部分在线调合）、管道自动调合。罐式-管道调合是根据生产需要介于两者之间的一种复合型工艺（过渡性工艺）。

第一节 油罐调合

油罐调合是把待调合的组分油、添加剂等，按所规定的调合比例，分别送入调合罐内，再用泵循环、电动搅拌等方法将他们均匀混合成为一种产品。这种调合方法操作简单，不受装置馏出口组分油质量波动的影响，目前大部分炼油厂采用此调合方案；缺点是需要数量较多的组分罐，调合时间长、易氧化、调合过程复杂、油品损耗大、能源消耗多、调合作业必须分批进行，调合不精确。在具体的操作中有以下两种方案：

① 组分罐与成品油调合罐分开，各装置生产的组分油先单独进入组分油罐，确定调合的目的产品，然后采样分析组分油的质量指标，通过计算公式或经验确定调合量进成品调合油罐。

② 不分组分罐和成品油调合罐，各装置生产的组分油合流进罐，采样分析罐中油品质量指标，符合调合的产品质量指标即可出厂，不符合调合产品质量指标的，将其他馏分油通过计算或经验确定调合量进调合油罐，并循环。

根据罐内搅拌方式的不同，油罐调合可分为泵循环调合和机械搅拌调合两种。以前还使用压缩空气调合，但此法易使油品氧化变质，并造成油品蒸发损耗及环境污染等缺点，一般已不采用。

一、泵循环调合

泵循环调合是先将各种组分油和可能有的添加剂送入罐内，用泵不断地将罐内物料从罐底部抽出，再循环回调合罐，在泵的作用下形成主体对流扩散，从而逐渐使油品调合均匀。为了提高调合效率、降低能耗，在生产实践中不断对泵循环调合的方法进行改进。主要有以下两种方法。

1. 泵循环

泵循环工艺就是在调合油罐内增设喷嘴，被调合物料通过装在罐内的喷嘴射流混合。高速射流穿过罐内静止的物料时，一方面可以推动其前方的流体流动形成主体对流运动；另一方面在高速射流作用下，在射流边界上存在的高剪切速率造成大量旋涡把周围液体卷入射流中，这样把动量传给低速流体，同时使两部分流体很好地混合。这一方法适用于调合比例变化的范围较大、批量较大和中、低黏度油品的调合，设备简单，效率高，管理方便。

喷嘴有单喷嘴和多喷嘴两种，单喷嘴本身是一个流线型锥形体，安装在罐内靠近罐底的罐壁上，倾斜向上。多喷嘴一般由 5 个或 7 个喷嘴组合而成，整套喷嘴安装在罐底部中心，并垂直向上，四周喷嘴围绕中心喷嘴略显倾斜。

2. 静态混合气调合

该工艺就是在循环泵出口、物料进调合罐之前增加一个合适的静态混合器，用静态混合器强化混合，可大大提高调合效率。据文献报道，可比机械搅拌缩短一半以上的调合时间，而调合的油品质量也优于机械搅拌。

二、机械搅拌调合

使用机械搅拌也是油罐调合的常用方法，适用于批量不大的成品油的调合，特别是润滑油。被调合物料是在搅拌器的作用下，形成主体对流和涡流扩散传质、分子扩散传质，使全部物料性质达到均一。罐内物料在搅拌器转动时产生两个方向的运动：一是沿着搅拌器的轴线方向的向前运动，当受到罐壁或罐底的阻挡时，改变其方向，经多次变向后，最终形成近似圆周的循环流动；二是沿搅拌器桨叶的旋转方向形成的圆周运动，使物料翻滚，最终达到混合均匀的目的。搅拌调合的效率，取决于搅拌器的设计及其安装。搅拌器主要有罐壁伸入及罐顶中央伸入两类。

1. 搅拌器罐壁伸入式搅拌调合

搅拌调合搅拌器由罐壁伸入罐内，每个罐可装一个或几个，搅拌器的叶轮是船用推进式螺旋桨型。螺旋桨转动时，罐内油品产生两个方向运动：一是沿桨的轴线方向向前运动，受到罐壁障碍时，沿罐壁上升至另一侧下降，从而形成垂直方向的圆周运动；二是沿桨的旋转方向呈圆周运动，使油品上下翻腾，最终达到均匀的目的。

影响搅拌调合所需功率的几个因素：

(1) 罐的容积与高径比　一般认为搅拌器叶轮排出油品体积等于罐内油品容量的 2～3 倍，即罐内油品全部被搅拌循环 2～3 次时，调合即达均匀。因此，罐容积是选择搅拌器功率最重要的依据，容积越大，所需总功率越大。罐的形状系指高度与直径之比（H/D），比值越大，静压头就越大，所需总功率也越大，比值等于或小于 0.8 时，即可不考虑对所需功率的额外影响。

(2) 介质黏度　油品黏度越高，则流动阻力越大，搅拌功率就相应增大。在黏度小即流体的雷诺数值大于 10000 时，可不特殊考虑黏度对功率的影响。

(3) 搅拌时间　连续搅拌时间长，则所需搅拌器功率就较小，反之，要求短时间内完成调合就要使用较大功率。

（4）搅拌运行方式　以两组分为例，可有三种运行方式：

① 两组分同时进罐，边进边搅，全部进罐后继续搅拌 2h；

② 组分一先进罐，组分二开始进入时启动搅拌，组分二进完后继续搅拌 2h；

③ 两组分全进罐后才启动搅拌，可要求在 8h、2h，以至 1h 内达到均匀的目的。实测结果表明第一种方式每单位容积所需动力最小。

按目前使用情况，搅拌器布置可归纳如下：不论使用几台搅拌器（一般最多不超过 4 台），应集中布置在罐壁圆周 1/4 的范围内；如组分进罐时不启动搅拌器，则油罐出、入管线的位置对搅拌器布置无影响；如在油品进、出过程中需要开动搅拌器，则出、入口离搅拌器宜有 30°的夹角；可将搅拌器轴心线对油罐中心线偏离一定角度（一般偏 7°～12°，小罐取小值，大罐取大值）；搅拌器轴心线离罐底的距离，取桨叶直径的 1.5 倍。

2. 搅拌器罐顶中央进入式搅拌调合

只使用在小型立式调合罐上（容积约 $20m^3$ 以下），适用于小批量而质量、配比等要求严格的特种油品的调合，如特种润滑油的调合，便于小包装灌桶作业以及添加剂的基础液等。搅拌器有桨式与推进式两种。

（1）桨式搅拌器　是一种低速搅拌器，油品的流动状态保持层流，可不另设挡板，罐内径与桨叶外径之比为 1.25～2.0。一般低速搅拌需要较长的调合时间，但优点是所需功率小。

（2）推进式搅拌器　转速较高，桨叶有单层或双层。调合油品液层较浅，黏度低（小于 $10mm^2/s$）的可用直径较大的单层桨叶，反之可用双层。罐内还应增设挡板，使流型保持在湍流状态下。

第二节　在线智能调合方法

1. 工艺流程

在线智能调合方法，又称为管道调合，是利用自动化仪表控制各个被调合组分流量，并将各组分油与添加剂等按预定比例送入总管和管道混合器，使各组分油在其中混流均匀，调合成为合乎质量标准的成品油；或采用先进的在线成分分析仪表连续控制调合成品油的质量指标，各组分油在管线中经管道混合器混流均匀达到自动调合的目的。经过均匀混合的油品从管道另一端出来，其理化指标和使用性能达到预定要求，油品可直接灌装或进入成品油罐储存。管道混合器（常用的是静态混合器）的作用在于流体逐次流过混合器每一混合元件前缘时，即被分割一次并交替变换，最后由分子扩散达到均匀混合状态。

调合系统需要保持两种或两种以上物料的一定比值关系。在设计调合系统时要选择某一种物料作为主要物料。这种物料称之为主物料，表征该物料的参数称为主动量。而其他物料则按主物料来进行配比，在调节过程中跟随主物料而变化，因此称它们为从物料，表征它们特征的参数称为从动量。在炼油厂中，被调合的物料，往往是不同组分的油品。人们常把主物料称为主组分油品，而从物料则称为分组分油品。与此相应把表征其特征参数目“主动量”和“从动量”分别称为“主流量”和“从流量”或“分组分流量”。

（1）主流量选择原则　在设计调合系统时，究竟选择哪个流量作为主流量，一般来讲，应遵循下述原则：

① 选择调合油品中的主要油品。

② 选择可测量而不可控的物料，如装置馏出口外送的油品。

③ 选择调合物料中最大的组分流量为主流量，而把流量较小的油品或添加剂作为从动量。其优点是调节阀可用得小一些，同时调节灵敏度也较高。

④ 若工艺有特殊要求时，则应服从安全操作的要求。

管道调合操作方式有：

a. 在计算机控制下，实现自动操作；

b. 使用常规自控仪表、人工给定调合比例的手动操作管道调合；

c. 用微机监测、监控的半自动调合系统。

这三种管道调合方法我国都有实际使用。

（2）管道调合组成　管道调合一般由下列部分组成：

① 组分油（基础油）罐、添加剂组分罐和成品油罐。

② 组分通道，每一个通道应包括配料泵、计量表、过滤器、排气罐、控制阀、温度传感器、止回阀、压力调节阀等；组分通道的多少视调合油品的组分数而定，一般 5～7 个通道，也可再多一些。通道的口径和泵的排量，由装置的调合能力和组分比例大小而定，各组分通道的口径和泵的排量是不相同的。

③ 总管、混合器和脱水器、各组分通道出口均与总管相连，各组分按预定的准确比例汇集到总管；混合器也有交均质器，物料在此被混合均匀，该设备可为静态的，亦可是电动型的；脱水器是将油品中的微量水脱除，一般为真空脱水器，也有采用其他形式的。

④ 在线质量仪表，主要是黏度表、倾点表、闪点表和比色表，尤其在采用质量闭环控制或优化控制调合时，必须设置在线质量仪表。

⑤ 自动控制和管理系统，根据控制管理水平的要求，可选用不同的计算机及辅助设备。

（3）管道调合工艺流程　管道调合工艺流程有以下 4 种：

① 罐式在线调合：将组分油从罐内抽出，经在线分析及控制系统确定不同的比例组分油进成品调合油罐。

② 罐式调合直接出厂：把调合和装油出厂两种作业结合在一起，将组分油从罐内抽出，经在线分析仪及控制系统确定不同的比例组分油调合后直接出厂。

③ 馏出物在线调合进油罐：装置馏出物经在线分析仪及控制系统确定不同的比例组分油调合进罐。

④ 馏出物直接调合出厂：把装置馏出物与组分油直接在管道内调合后直接出厂，多余部分送入成品罐储存。

2. 管道调合发展概况及优点

从调合工艺流程上看，调合方法由批量的罐式调合，逐步发展为调合与装油联合作业的直接调合、馏出油与其他组分油直接调合出厂等方式。

从调合系统应用仪表控制方面来看，经历了 20 世纪 50 年代、60 年代、70 年代的模拟式仪表、数字式仪表，到 20 世纪 80 年代、90 年代应用电子计算机、智能软件、高精度流量计、快速稳定性能高的在线质量分析仪表等实现了闭环的最优化控制。目前，已有多种以微处理机为核心、智能软件为基础的专业调合成套设备在石化、石油系统中应用。

在调合产品质量指标方面，已由幅值控制发展到目标控制，即由比值调节、比值调节质量监视的幅度控制发展为比值调节质量监控的目标控制，以及在最佳调合系统中由控制一两个主要目标质量发展为控制产品全部目标质量的所谓闭环的高级控制系统。

管道调合具有下列优点：

① 可使组分油储存罐减少并可取消调合罐，成品油可随用随调，且能连续作业，这样可节省成品油的生产性储存，减少油罐容量。

② 组分油能合理利用，油气对批量较大的油品，添加剂能准确加入，避免质量“过头”，可以提高一次调合合格率，成品油质量可一次达到指标。

③ 减少中间分析，节省人力，取消多次油泵转送和混合搅拌，节约时间，降低能耗。

④ 由于全部过程密闭操作，减少油品氧化蒸发，降低损耗。管道调合适用于大批量的调合。

⑤在操作中容易改变调合方案，并可避免对有毒添加剂的直接操作，若在线控制仪表稳定、可靠，可确保调合精确。

因此，各炼厂都在油罐调合成功应用的基础上，积极采用新技术推广管道自动调合。

第三节　两种调合工艺的比较

油罐调合是把定量的各调合组分依次或同时加入调合罐中，加料过程中不需要度量或控制组分的流量，只需确定最后的数量。当所有的组分配齐后，调合罐便开始搅拌，使其混合均匀。调合过程中可随时采样化验分析油品的性质，也可随时补加某种不足的组分，直至产品完全符合规格标准。这种调合方法、工艺和设备均比较简单，不需要精密的流量计和高度可靠的自动控制手段，也不需要在线的质量检测手段。因此，建设此种调合装置所需投资少，易于实现。此种调合装置的生产能力受调合罐大小的限制，只要选择合适的调合罐，就可以满足一定生产能力的要求，但劳动强度大。

管道调合是把全部调合组分以正确的比例同时送入调和器进行调合，从管道的出口即得到质量符合规格要求的最终产品。这种调合方法需要有满足混合器要求的连续混合器，需要有能够精确计量、控制各组分流量的计量器和控制手段，还要有在线质量分析仪表和计算机控制系统。由于该调合方法具备上述这些先进的设备和手段，所以管道调合可以实现优化控制，合理利用资源，减少不必要的质量过剩，从而降低成本。管道调合是连续进行的，其生产能力取决于组分罐和成品罐容量的大小。

综上所述，油罐调合适合批量小、组分多的油品调合，在产品品种多、缺少计算机技术装备的条件下更能发挥其作用。而生产规模大、品种和组分数较少，又有足够的吞吐储罐容量和资金能力时，管道调合则更有优势。一般情况下油罐批量调合，设备简单，投资较少；管道连续调合相对投资较大。具体调合厂的建设取何种调合方法，需作具体的可行性研究，进行技术经济分析后再确定。

第四节 影响调合质量的因素

影响油品调合质量的因素很多，调合设备的调合效率、调合组分的质量等都直接影响着调合后的油品质量。这里主要分析工艺和操作因素对调合后油品质量的影响。

1. 组分的精确计量

无论是油罐间歇调合还是管道连续调合，精确的计量都是非常重要的。精确的计量是各组分投料时比例准确的保证，批量调合虽然不要求投料时的流量的精确计量，但要保证投料最终的精确数量。组分流量的精确计量对连续调合是至关重要的，流量计量得不准，将导致组分比例的失调，进而影响调合产品的质量。连续调合设备的优劣，除混合器外，就在于该系统的计量及其控制的可靠性和精准的程度，它应该确保在调合总管的任何部位取样，其物料的配比是准确的。

2. 组分中的水含量

组分中含水会直接影响调合产品的浑浊度和油品的外观，有时还会引起某些添加剂的水解，而降低添加剂的使用效果，因此应该防止组分中混入水分。但在实际生产中系统有水是难免的，为了保证油品质量，管道调和器负压操作，以脱除水分，或采用在线脱水器。

3. 组分中的空气

组分中和系统内混有空气是不可避免的，对调合也非常有害。空气的存在不仅可能促进添加剂的反应和油品的变质，而且也会因气泡的存在导致组分计量不准确，影响组分的正确配比，因为计量器一般使用容积式的。为了消除空气的不良影响，在管道连续调合装置中不仅混合器负压操作，而且还在辅助泵和配料泵之间安装自动空气分离罐，当组分通道内有气体时配料泵自动停机，直到气体从排气罐排完，配料泵才自动开启，从而保证计量的准确。

4. 调合组分的温度

油品调合时要选择适宜的调合温度，温度过高可能引起油品和添加剂的氧化或热变质，温度偏低会使组分的流动性能变差而影响调合效果，要根据各组分及产品油的物性来确定，一般以55～65℃为宜。

5. 添加剂的稀释

有些添加剂非常黏稠，使用前必须溶解、稀释，调制成合适浓度的添加剂母液，否则既可能影响调合的均匀程度，又可能影响计量的精确度。但添加剂及其母液不应加入太多的稀释剂，以免影响调合油产品的质量。

6. 调合系统的洁净度

调合系统内存在的固体杂质和非调合组分的基础油和添加剂等，都是对系统的污染，都可能造成调合产品质量的不合格，因此油品调合系统要保持清洁。从经济性考虑，无论是油罐调合还是管道调合，一个系统只调一个产品的可能性是极小的，因此，非调合组分对系统的污染是不可避免的，管道连续调合采用空气（氮气）反吹处理系统，油罐间歇调合在必要时则必须彻底清扫。实际生产中一方面应尽量清理污染物，另一方面则应尽量安排质量、品种相近的油在一个系统调合，以保证调合产品质量。

第三章 油品调合设备

第一节 罐式调合设备

调合装置的通用设备主要是泵，由于调合的工艺条件一般不太苛刻，所以可根据调合装置的能力和物料性质直接选用合适的泵。调合装置的关键设备是混合设备，如间歇调合的调合罐，连续调合的均化器、蒸发器、静态混合器等，这些混合设备直接影响着调合效率和调合质量。

调合罐的基本机构是由带油料进出口的罐体和蒸汽盘管加热器组成。为了强化混合，提高混合效率，一般又在罐内加装喷嘴、喷射系统或机械搅拌器。单个调合罐的大小主要由调合能力、调合速率所决定，但也要考虑油品黏度大小的影响。

一、调合喷嘴设备的选用

喷嘴分为单头喷嘴（又称古巴喷嘴）、多头喷嘴（有的厂称为子母式喷嘴）、旋转喷嘴和喷射系统。喷嘴调合适用于调合比例变化范围较大、批量也较大的中或低黏度油品的调合。根据油罐结构的不同、油品特性、循环泵的性能，喷嘴类型的选择也不一样，外浮顶罐、拱顶油罐结构多采用单头喷嘴、喷射系统；内浮油罐结构采用多头喷嘴、旋转喷嘴。

油品调合器安装方式有两种：一种是安装于油罐壁上与油罐内输油管线相连接，例如单头喷嘴、喷射系统采用该种安装方式；另一种是安装于油罐内中心，采取法兰与油罐内输油管线相连接，例如多头喷嘴、旋转喷嘴采用该种安装方式。通过工艺管线将各组分油品输入罐内，再经调合器单头喷嘴喷出或多头均布的喷嘴和顶部喷嘴喷出，可以使油罐内的油品充分混合，防止储罐内沉积物的堆积，起到清罐作用，对油品或其他介质进行调合，从而达到热传递均匀化的目的。它具有结构紧凑，操作方便安全可靠，效率高及可避免油品氧化等优点。

二、搅拌器设备的选用

油罐搅拌器是长输送管道及炼厂油库大型油罐不可缺少的附件，适用介质：原油、石油产品及其他流体。适用于原油、重油和小批量油品调合及特种油品调合，特别是润滑油调合。它的应用可使油品混合均匀，清除和减少罐底沉积，提高油罐利用率，以及减少罐底腐蚀。搅拌器分为侧向伸入搅拌器及顶部垂直伸入搅拌器。

（一）侧向伸入搅拌器

1. 基本原理

侧向伸入式搅拌器是由储罐的侧壁伸入罐内，它通过法兰盖与罐体的开口法兰相连接。搅拌器的叶轮为船用螺旋桨型。由于螺旋桨的转动，使罐内液体产生两个方向的运动，一个沿着螺旋桨轴线方向向前运动，另一个沿螺旋桨圆周方向动，其方向与螺旋桨的旋转方向相同。轴线方向的运动，由于受到罐壁的阻碍而使罐内液体沿着罐壁作圆周方向的运动。而液体沿螺旋桨圆周方向的运动，使罐内液体上下翻动。如此使罐内液体得到搅拌，并可防止罐内沉积物的堆积，比用其他形式较为经济。

侧向伸入式搅拌器适合安装在储存黏度较低的液体的大中型立式储罐上，每台调合罐根据油罐大小及油品黏度可设置1～4个搅拌器。搅拌器应集中设置在罐壁1/4圆周范围内，但要考虑进油管位置的影响，最低限度减小搅拌时的扰动对进油的干扰。进油管与搅拌器宜有30°夹角，搅拌器轴心线与油罐底中心到搅拌器在罐壁上的中心的连线的夹角为7°～12°，同时还要考虑搅拌器桨叶与罐底或加热器等物件的距离。

侧向伸入式搅拌器有下列几个作用：

① 防止储罐内沉积物的堆积，特别在原油罐中，可以起到清罐的作用，代替笨重的人工监控清罐并可增加储罐的有效容积。

② 使混合好的油品保持均匀和防止分层。

③ 把两种或两种以上的组分进行混合，可在规定时间内获得合格的调合产品。

④ 加强储罐内的热交换，保持介质温度均匀。

在实际的应用中，上述四种功能有可能只用一种，也可能用多种。对于要求具有多种功能的场合必须以最苛刻的功能来选择搅拌器，一般来说，满足了最苛刻的功能，其他功能也能满足。因此通常情况下，调合的要求以最苛刻的为准。

2. 侧向伸入式搅拌器的分类

侧向伸入式搅拌器可分为固定插入角型和可变插入角型两大类。

（1）固定插入角型搅拌器　这种搅拌器的轴只能旋转而不能摆动，它用于液体介质的调合，其效果是很好的。但这时储罐内的液体的流动状态是固定不变的，若用于清罐则死角区的沉积物无法清除。

（2）可变插入角型搅拌器　可变出入角型搅拌器的轴与储罐中心线之间的夹角，可按操作的需要，在左右30°范围内变动。这种搅拌器可改变罐内液体的流动状态，从而消除死区。因此，美国和日本等国从20世纪60年代末就开始在原油罐上安装可变插入角型搅拌器，目前日本的大部分原油罐上已安装了这种搅拌器，以防止罐中沉积物的堆积。

综上所述，凡以清除罐底沉积物为主要目的的储罐，使用可变插入角型搅拌器比使用固定插入角型的具有更多的优点，节省了投资，减少了动力消耗，清罐效果好。

如果在同一罐内，既要调合又要清罐，就可选用可变插入角型搅拌器。

3. 侧向伸入式搅拌器的选用

侧向伸入式搅拌器的选用，与介质的性质、油罐的特征、搅拌目的、操作条件等有关，因此在选用搅拌器前首先必须确定这些条件，再根据这些条件确定搅拌器的形式和功率。

4. 侧向伸入式搅拌器的基本参数及结构特点

（1）传动方式 搅拌器的传动方式为齿轮传动，结构紧凑，搅拌器重心离罐壁近，罐壁上所受的载荷较小，采用了螺旋伞齿轮一级减速传动，这种结构除具有上述优点外，还能保证现场运转平稳，实测振幅最大 0.007～0.21mm；噪声小，实测为 80dB 左右。

（2）危急遮断机构 侧向伸入式搅拌器是从油罐侧壁把桨叶插入罐内的。搅拌器的维护检修和进行密封的更换或者发生预料不到的故障时，需将油罐排空进行处理。对于大型油罐来说要排空是较困难的，要花费很多的时间，因此必须设置危急遮断机构，供危急时使用。

危急遮断机构，经实际使用证明其效果很好，操作方便，密封性好，制造容易。其操作方法如下：需要堵流时，将搅拌器轴往外拉一段距离，使堵头进入密封座，然后转动轴，堵头和密封座即能卡紧，堵头的端面和 O 形密封圈接触，防止了罐内液体的外流。此时就可以进行零件的更换和检修。

（3）轴封 搅拌器旋转轴的密封结构有机械密封和填料密封两种，两者能够互换，可按实际需要选用。填料密封的密封性能不如机械密封。它是用轴与填料的接触压力进行密封的，故易引起轴或轴套的磨损，动力消耗也比机械密封大。在使用中如果填料压得过紧，密封处易发热，因此某些易燃和润滑性差的油品不宜采用填料密封。但由于填料密封有结构简单、制造容易、成本低、更换方便等优点，可用在润滑油调合的搅拌器上。

填料选用柔性石墨密封圈。卸掉填料函与固定座的连接螺栓就可以拉动轴，在抽轴过程中仍保持其密封性。为了在抽轴时石墨圈不被挤坏，在填料的两端用油浸石墨石棉盘根经预压成型。

机械密封泄露量非常少，由摩擦而引起的动力消耗也少。一般地讲，被密封的介质就是它的冷却剂，所以不易发热，可以在储存低闪点介质的储罐中使用。虽然配件多、精度高、价格贵，但由于优点多，适应性强，所以机械密封仍是搅拌器的主要密封形式。

机械密封采用内装式单端面非平衡型。静环的结构可以满足抽轴的轴需要，在抽轴时先取下压盖，静环由于受机械密封弹簧力的作用而后移并被轴用弹性挡圈挡住，由于移动距离小，抽轴过程中仍可保持端面的密封性。

不管是填料密封还是机械密封，轴上都装了外表面镀硬铬的轴套以减少磨损，轴和轴套之间用 O 形密封圈密封。

（4）高黏度液体和具有磨蚀性油泥的轴封 机械密封一般限于黏度不大于 0.6Pa·s 的流体，如果黏度大于此值，机械密封的弹簧就不能正常工作。需要加夹套加热，使密封腔里的介质具有足够的流动性，并在搅拌器停机后立即用冲洗液对密封进行冲洗。在国外，沥青罐和重质燃料油罐的搅拌器就采用这种方法。

用于搅拌磨蚀性油泥或合成橡胶的搅拌器，为了机械密封可靠，必须连续灌注与罐内介质相容的液体或冲洗液，在搅拌器轴上安装唇形密封结构，以减少向罐内的泄漏，其泄漏量国外控制在 5～10L/h。

（5）可变插入角型搅拌器的摆动机构和球形密封机构 可变插入角型搅拌器的摆动机构是球形旋转接头。球是用不锈钢制造的，其表面经抛光处理。球与空心支座之间采用 O

形密封圈密封，球与法兰密封座之间采用两道密封。第一道为O形密封圈密封，第二道是用三圈柔性石墨密封。柔性石墨圈内表面预压成凹球面。它与光滑的球面接触很好，实践证明密封可靠无泄漏。搅拌器的重量由上、下两个铰链支撑，铰链中心线必须通过球心。铰链销子及支耳开有润滑沟槽或孔，销子装有压注油杯以保证搅拌器转动灵活。

（6）接触液体部分的材料　搅拌器和罐内液体接触部分的材料是由工艺条件决定的。

下述材料制成的搅拌器适合于大多数工艺条件：碳素铸钢（或球墨铸铁）的螺旋桨，碳钢的轴、密封箱和安装法兰，机械密封的动环在不锈钢集体上堆焊钴铬钨基硬质合金，静环是石墨浸树脂或青铜，O形密封圈为氟橡胶F-26。

高硫原油要求螺旋桨和轴应为不锈钢制造的，而有腐蚀性化学药品或要求高纯度物料的工艺过程则要求全部钢结构均是不锈钢的。

5. 固定插入角型侧向伸入搅拌器的使用效果

在国内炼油厂的成品罐中，经常需要利用搅拌的方法来达到产品调合的目的。以往使用的搅拌方法主要是通压缩空气和用泵进行循环两种。

用压缩空气调合存在的问题主要是：

① 空气使油品氧化，降低了油品质量。因此低闪点或易氧化的组分油不能用压缩空气搅拌。

② 压缩空气内有水分和其他杂质，在搅拌过程中，这些外来杂质将污染油品。

③ 用压缩空气搅拌，罐内油品翻腾厉害，油品挥发损失大，而且污染环境。易产生泡沫的油品和有干粉状添加剂的油品不能用压缩空气搅拌。

④ 消耗的能量大。

⑤ 在介质中产生较大的静电。

利用泵进行循环也有消耗功率大、需要增加油罐数量等缺点。而利用固定插入角型搅拌器来进行油品调合完全可以克服上述各种缺点，因此是一种比较理想的调合方法。

6. 可变插入角型侧向伸入搅拌器的使用

原油中的油泥由于堆积在储罐的底部，形成了一层很厚的黏性很大的沉积物，特别是含量较多的原油或重质燃料油更为严重，有的罐沉积物的堆积达数米高，对油罐和附属设备的正常运行都带来种种困难，因此要防止沉积物在储罐中的堆积。这样有如下好处：

① 确保油罐及其附属设备安全正常的操作，并充分发挥其功能。

② 确保罐的有效容积。

③ 油罐的装卸油作业好。

④ 由于油罐的沉积物少，所以油罐的检尺准确。

⑤ 由于减少了沉积物，从而减少了沉积物中的杂质对罐底和下部罐壁的腐蚀。

⑥ 停罐时间大为缩短，甚至完全不需停罐。

⑦ 节约能源。在以往的人工清罐中，往往有许多原油随沉积物一起被遗弃，造成很大的浪费。

⑧ 减少了对环境的污染。在以往的人工清罐中，油罐周围到处都是一堆堆的沉积物，对环境污染十分严重。

⑨ 文明生产，节约清罐的人力。

（二）顶部伸入式搅拌器

1. 用途

在立式油罐中安装顶部伸入式搅拌器，用来对油品或其他介质进行搅拌从而达到调合、热传递、均匀化的目的。使用这种设备具有投资少、结构紧凑、操作方便、安全可靠、效率高、消耗功率小、在介质中产生静电小以及可避免油品氧化保证产品质量等优点。搅拌器的叶片有锚式、叶轮式、组合式等。

2. 结构

顶部伸入式搅拌器的结构主要由传动机构和桨叶两部分组成。

① 传动机构。传动部分主要是由一立式防爆电机通过一对斜齿轮驱动螺旋桨转动。选用防爆电机，可以避免由于电机的发火而引起的着火危险；使用斜齿轮传动较平稳，使机器的振动和噪声较小，从而提高机器的使用寿命。

② 桨叶。设备可采用三翼船用螺旋桨型叶轮，此类桨叶容积循环量大。它可以在很大范围内将罐内介质搅动起来，形成上下循环和圆周形循环，从而可以大大地提高搅拌效率。

第二节　管道自动调合设备

各种不同的油品按照不同的质量指标进行调合，在保证产品质量的同时还可以获得更好的经济效果。目前国内使用比较普遍、质量比较好的在线分析仪有汽油辛烷值分析仪、在线倾点分析仪和连续在线闪点分析仪。

一、国外在线分析仪

（一）在线辛烷值监测及多功能分析系统

在线辛烷值监测及多功能分析系统是将近红外线技术与功能强大的微处理器结合成一套精确及简易维护的在线系统，可对石油炼制过程进行实时在线多组分分析测试，符合美国NEC、NF-PA496 规范之 CLASS1、DIV1、GROUP C 至 G 的危险环境要求规格。该系统具有多组分测试能力，完全符合 ASTM 精度，能迅速输出实时数据，适用于闭环控制(DCS)，高速扫描多路输出，能支持二十个检测点独有的完全参比测试单元（ARCell）避免光学测量中由于其他干扰因素造成的错误。该系统具有强大的软件（ISO-EZ 及 VISTA 软件）功能：在 Windows 环境下编辑的程序，包括一整套的化学计量学软件包，具有数据采集、数据传输能力，并可进行过程测量、回归算法分析，对光谱文件处理后即可得到测定组分的体积或质量百分比独有的 Trans 校正软件具有可移植性，校正数据可在同系列仪器中互换，还可做远程校正；不需要预先处理样本，也没有反复操作过程。

1. 测试项目

PetroScan2000 在选定的各生产程序单元内运行（见表 3-1），在 30s 内可完成多项测试及输出。

表 3-1　PetroScan2000 测试项目

汽油		柴油(可扩展的分析项目)	
测试项目	ASTM	测试项目	ASTM
研究法辛烷值	3D2699	十六烷值	D613
马达法辛烷值	D2700	闪点	D93
雷氏蒸气压	3D323	浊点	D2500
馏程,终馏点,蒸发百分比	D86	倾点	D97
密度	D1298	相对密度	D287
芳烃	D4420	馏程	D86
苯	D3606	黏度	D445
烯烃	D4815	密度	D1298
氧化物	D4815		

2. 系统说明

在线辛烷值监测系统简图见图 3-1，过程分析系统见图 3-2。

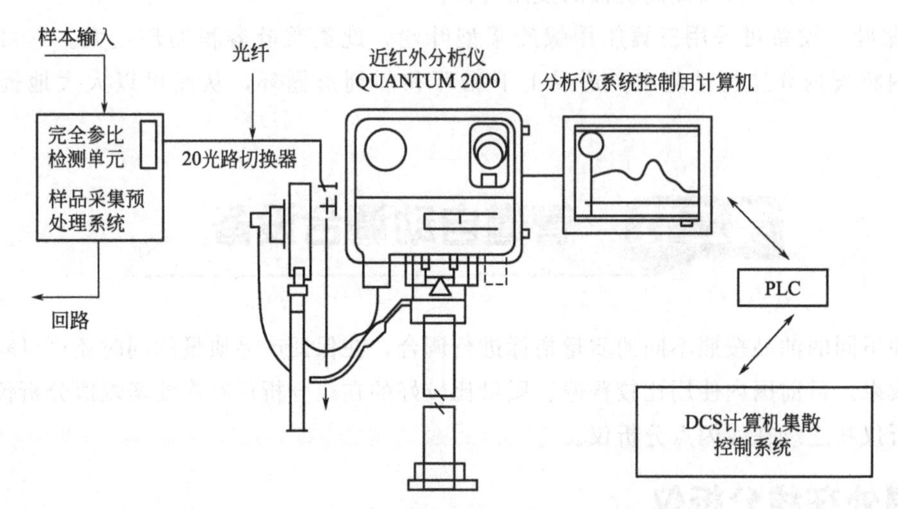

图 3-1　PetroScan2000 在线辛烷值监测系统简图

(二) 8154 型压缩比法辛烷值分析器

1. 概述

8154 型辛烷值分析器连同 ASTM 发动机，采用国际上普遍采用的美国 ASTM 标准所规定的马达法和研究法分析系统，用于辛烷值的自动在线测量。辛烷值分析器保持发动机在恒定压缩比下，并执行下列功能：

① 原型和产品燃料之间的顺序；

② 监控一系列发动机和燃料报警条件；

③ 执行最大爆震强度时的自动燃料空气调整；

④ 提供恒定记录到登录打印机；

⑤ 提供遥控 DCS 系统的扩展的输出状态和输入指定。

2. 使用条件

(1) 电气要求　辛烷值分析器：从 ASTM 发动机单相电源获得的，带低阻接地导体的单相 117V (AC)、50/60Hz、10A 电路。此外，辛烷值分析器用于 ASTM 发动机时不能超过标准电流 30A。线电压波动在 5 以上的持续时间内不能超过 10%。

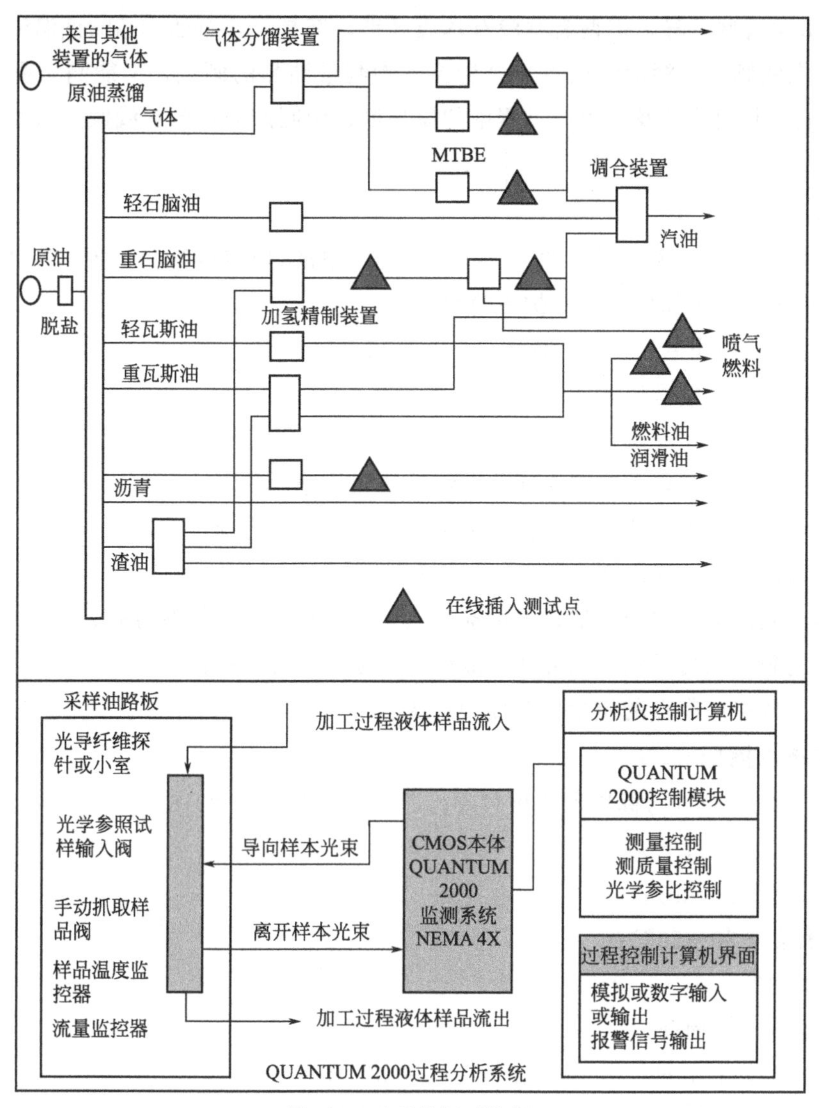

图 3-2　过程分析系统图

入口空气制冷装置：要求单相、110V（AC）、60Hz、10A。这个电路与发动机分开，并且应该用安装在发动机基础后面或燃料面板附近的一个插孔来连接。

打印机：要求单相［110V（AC）或 220V（AC），按用户要求］、0.4A 电路。

(2) 分析器环境要求

① 外界温度：10～34℃。

② 相对湿度：45%～55%。

③ 射频干扰：27MHz、5W 信号在 1m 时引起的误差小于 0.5%满刻度。

二、国产在线分析仪

以国产在线倾点（或凝点）分析仪（PPA-69A 型）为例。

1. 概述

倾点（或凝点）是反映石油产品低温流动性能的一项质量指标。尽管凝点的试验方法与倾点的试验方法有些差异，但两者并没有本质区别，都是反映石油产品的低温流动性。使用PPA-69A型在线倾点（润滑油倾点）分析仪既能测量油品的倾点，又能测量凝点。该分析仪用于脱蜡油和非脱蜡油及其生产过程中的原料油、中间产品油的在线倾点（凝点）连续自动分析。

2. 特点

① 系统模块结构，无插接元件，具有超温、短路保护的智能控制器，温度就地数显，工作状态一目了然，可靠性高，维护更简单。

② 防爆标志为dⅡAT_4（GB 3836.1—2010）。

③ 对油样的变化响应迅速。

④ 重复性好。

⑤ 封闭的油样系统，可实现无回收系统的油样流路。

⑥ 连续周期性工作方式，输出信号为标准电流信号，有保持功能。

⑦ 对油样的含杂、含水要求不严，无需防磁措施。

⑧ 检测采用压电微幅传感器，无活动支点，是一种永久性检测方式。

⑨ 由于它独到而可靠的检测方法，故维护量极少，可靠性高。

⑩ 可用与倾点或凝点的质量反馈控制系统。

3. 主要技术指标

准确度：≪±1℃（与标准方法相对应，即：GB/T 510—2018）；

重复性：≪±1℃；

稳定性：≪2℃/(kh)；

典型量程：−30～20℃；

周期：2～12min；

相应时间：一个周期；

电源：三相交流50Hz、380V±38V、功率300W；

冷却水：温度小于35℃，无杂质的新鲜水或生活用水；

试样：压力小于1MPa，温度低于60℃，最低要高于被测倾点25℃，无明显水珠杂质及气泡；

防爆标志：dⅡAT_4（Q2级）；

信号输出：直流4～20mA具有保持功能；

安装场所：无腐蚀气体、无强烈振动、无阳光直射、防风防雨的室内或户外。

4. 工作原理

PPA-69A是利用了浸在油样中的压电微幅传感器，在作强迫振动时其振幅与油样的黏滞阻力有关的性质设计而成的。

在密闭腔体的外部，音频振荡器将激励信号加给在腔内充满油样的压电晶体振片上，压电晶体振片在外加电场的作用下，产生膨胀和收缩，我们称这个电能转换的力为f，压电微幅传感器接收端，通过压电效应产生一个呈正比关系的感应电压，f是一个周期变化的力，有用成分为基波，可用下式表示

$$f = F_m \sin\omega t$$

式中　F_m——策动力的幅值；

ω——角频率；

t——时间。

振子在策动力作用下的稳态相应由下式确定。

$$x = A\sin(\omega t + \varphi)$$

式中　x——振片离开平衡位置的位移；

A——振片的振幅；

φ——振片的振动与策动力 f 之间的相位差。

策动力幅值 F_m 为一个常数，且角频率 ω 为一定适当定值时，振片的振幅 A 和相位差 φ 与振片周围的油样黏滞阻力 R 有关，可用下式表示。

$$A = \varepsilon(R)$$

$$\varphi = k(R)$$

在这里我们仅利用了 $A=\varepsilon(R)$ 的关系，A 随着 R 的增大而减小，它们具有单调的关系。油样在达到倾点（或凝点）时的黏滞阻力 R 对应着一个振片的振幅 A；如果已知标样的倾点（或凝点）为 T_0 那么我们就可以不必知道 R_0，而是使标样温度为 T_0，直接得到 A_0，这就是直接用标定的方法定出倾点（或凝点）的检测门槛 A_0 的依据。

这一系列动作是由检测控制电路和机械振片配合起来周复始地工作的。

三、油品在线智能调合工艺流程

1. 工艺流程

典型油品在线智能调合作业流程示意图如图 3-3 所示。

2. 软件工作原理

调合比例控制，又称调合的 BRC 控制，它的主要功能特点是：

① 自动切换调合规则。

② 自动切换分析仪模型。

③ 自动切换成品油罐。

④ 自动完成批次计量的切换，使成品油能分门别类地计量。

⑤ 可以节省组分罐。

⑥ 节省泵的运行费、维护费。

⑦ 如汽油需求量较大，一台泵不够用，则可分配 2 台泵使用。

⑧ 流控器也同样可以给某一组分分配多个流量控制器。

⑨ 组分、泵、流控器之间不是完全的一一对应关系，而是可以任意组合的。

⑩ 自动启动，控制和关闭调合及相关设备。

⑪ 调合流量和比例的同步处理。

⑫ 不正常状态监视以及必要的矫正。

⑬ 泵的选择和控制。

⑭ 一股物料可以对应多个流控器。

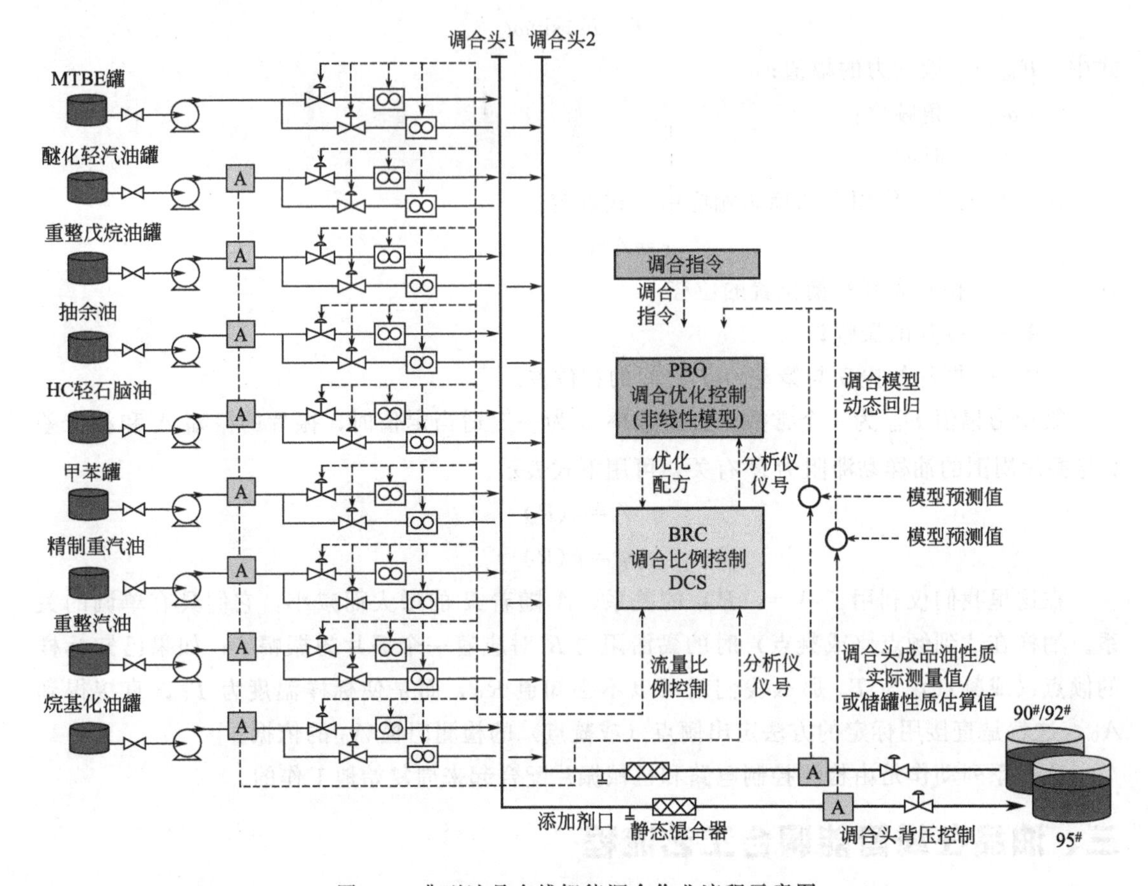

图 3-3　典型油品在线智能调合作业流程示意图

⑮ 在线批次切换——执行不间断调合，而不需要停止当前使用的调合系统。

⑯ 组分和添加剂的延迟启动及提前停止。

⑰ 调合头压力控制。

调合优化，又称为 PBO，它的主要功能特点是：

① 控制目标（保证调合的成品油合格）。

② 一级优化目标。

③ 二级优化目标。

④ 一级优化目标及二级优化目标可任选。

⑤ 质量过剩最小。

⑥ 组分成本最低。

⑦ 与初始配方最接近。

⑧ 优化算法。

⑨ NOVA 非线性优化器。

⑩ 直接从装置来的组分油可以为多个调合头供料。

⑪ PBO 支持多个调合头的优化，也就是带直调组分的耦合调合头之间的优化，合用组分的调合头可以被整体优化。

⑫ 灵活的优化目标：成本、质量过剩、质量过剩-成本、成本-质量过剩，或者最接近初

始配方。

⑬ 非线性优化器。

⑭ 多个调合头的耦合优化，支持不间断直馏油调合。

⑮ 能够处理多个产品牌号。

⑯ 在线分析仪读数的有效性验证。

⑰ 每个优化周期的优化报告。

⑱ 离线优化-假设场景。

⑲ 开放的解决方案。

PBO 工作过程示意图如图 3-4 所示。

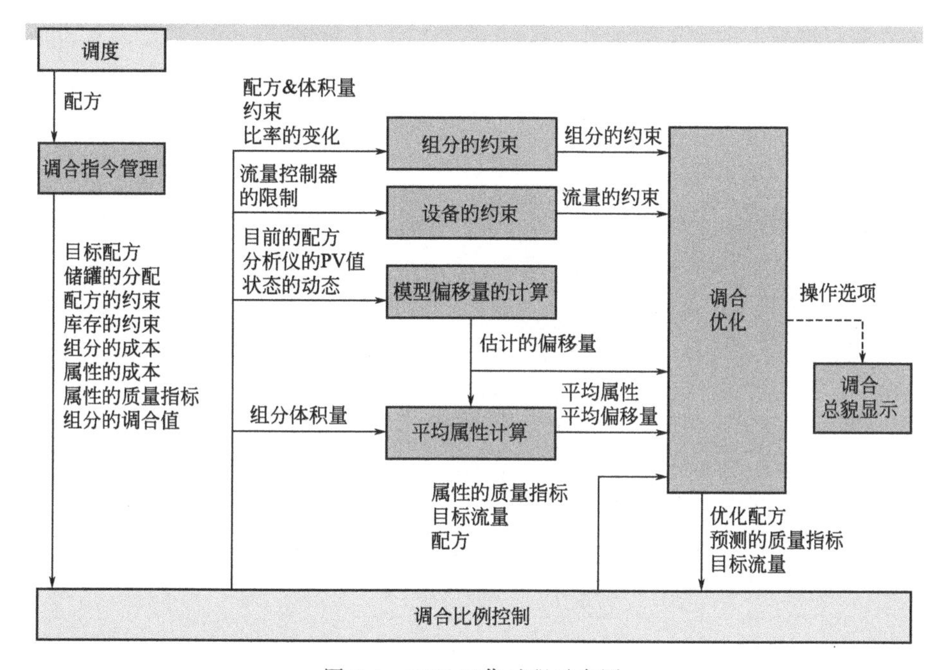

图 3-4　PBO 工作过程示意图

第四章 智能调合软件的功能与使用

第一节 调合比例控制功能介绍

1. 调合比例控制

调合比例控制（blend ratio control，BRC）的主要功能包括：

① 调合配方下载、设定和配方校验。

② 流量比率控制，计算组分的流量。

③ 调合的初始化、启动和停止。

④ 调合的重新启动和调合头流量调整。

⑤ 具有紧急停车功能。

⑥ 调合监控、监测设备状态。

⑦ 提供与分析仪的接口。

2. 调合设定

调合头的设定功能是指调合由停止变成启动开始一个新的调合批次之前，需要设定新的调合批次的配方数据。该配方数据是参考调度下达的调合指令单输入的。

调合监控画面中的配方数据包括配方名称、牌号、配方描述、产品罐（该批次进哪一个成品罐）、目标流量（调合头的期望流量设定值）、目标体积（该批次计划调合的体积量，不包括罐底量）、各组分的初始配方、配方低限和配方高限等。

3. 流量比例控制

通过控制流量控制器的流量的比率，调合系统能够使调合产品满足配方规定的体积百分数。最终结果的准确性取决于仪表和控制算法的准确性。

调合系统可以调合多种组分，每种组分的体积比例可以手动输入或者由商业智能（business intelligence，BI）下载（优化系统运行时）得到。根据总流量和每种组分的比例计算后，将设定值传递给每个组分流量控制器点。

4. 调合顺序

BRC 根据不同的调合状态生成调合顺序（sequences），并为每个调合状态计算总流量的设定值。流量调合方案和相应的调合状态如图 4-1 所示，调合状态具体的描述见表 4-1。

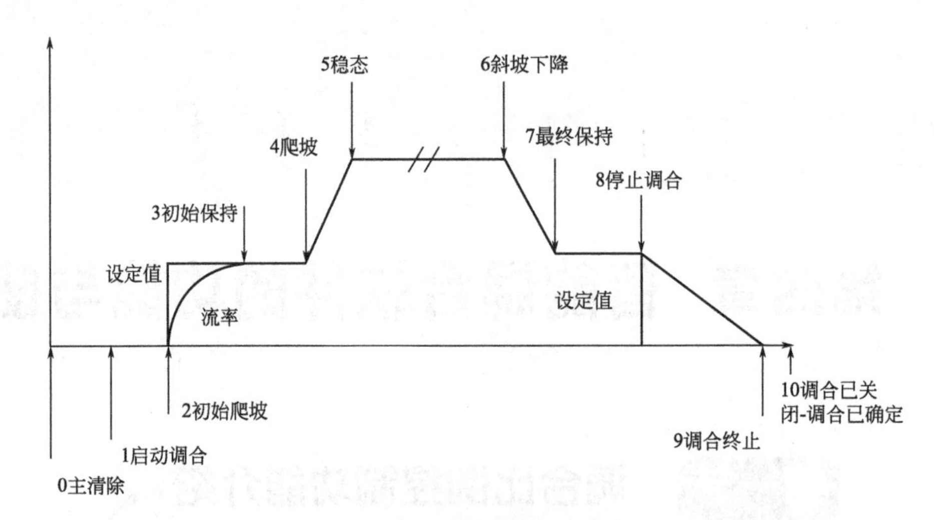

图 4-1　流量调合方案和调合状态

表 4-1　调合状态描述

序号	调合状态	描　述
0	主清除	初始化所有指定的累计器和控制器,初始化属性误差值。初始化完成后进入调合开始状态。主清除仅仅是开始新调合指令的一个标志。如果调合系统是重新启动,则将跳过主清除/初始化状态。在状态0点时调合还没有开始
1	启动调合	确定调合所需设备和流程符合调合启动的需要,操作员通过调合监控画面启动调合
2	初始爬坡	主设定值(master setpoint)是一个初始的、已组态好的值。组分流量表示成主设定点的百分数。系统会逐渐提高主设定值直至调合状态进入初始保持状态(initial hold)
3	初始保持	调合保持一个较小的稳定流量,同时分析仪置于在线。在经过一段时间间隔后,调合状态自动设置为爬坡状态
4	爬坡	主设定值(master setpoint)以固定的速率递增到稳态目标流量。如果有一个流量控制器无法到达所需的流量,便降低主设定值,直到所有的控制器达到其设定值(pace)。如果主设定值低于初始保持(调合状态3)中的最小值,调合将停止。在调合流量达到其控制值时,调合状态进入稳定状态(steady state)
5	稳态	如果操作员不改变目标流率,也没有流量干扰,那么所有的调合流量保持不变。主设定值自动进行调节以保持调合流量在规定的误差范围内
6	斜坡下降	主设定值以固定的速率递减,直至降到主设定值为最终保持流量
7	最终保持	主设定值保持不变,直至总调合体积达到调合关闭体积,然后进入停止调合状态
8	停止调合	主设定值设为0。所有的调合任务是请求关闭流量,所有的控制器将关闭。当调合流量达到零流率时,调合状态进入调合已停止状态
9	调合终止	调合结束。中止的调合可再次启动,并储存所有的累计体积和属性数据。为了重新启动调合,目标调合体积与当前调合体积的差值必须大于调合流量降低时的体积与设定的最小重启体积之和。如有必要,可在重启之前增大调合目标体积值
10	调合已关闭-调合已确认	调合确认后进入此状态

5. 重新启动调合

如果当前的调合状态为调合已停止状态，可以在保留以前调合数据的基础上启动“继续进行调合”，也可以点击“关闭调合”按钮结束该批次调合。

重新启动调合之前，确认重新启动调合的准备工作都已经结束，确认完后操作员可以开始重新启动调合。重新启动调合的过程除了没有主清除阶段外，其他同启动调合的过程相同。

6. 流量调整至目标值

调合过程中，调合头的目标流量都是可以由操作员人工改动的。如果操作员在调合过程中，改变了调合头的目标流量，系统会自动追踪新改动的目标流量。

7. 属性值给定

当在线分析仪出现故障时，为保证优化调合正常运行，需要手动输入这些属性值。此功能的目的就是开发一个窗口来提供组分性质手动输入的一个界面，以保证各组分属性值的完整，保证调合优化的正常运行（本仿真项目无分析仪，数据采用人工输入给定）。

第二节　BRC软件界面

BRC 软件包括调合监控画面、调合切换画面以及调合组态画面。

1. 调合配方及监控画面

（1）调合流量控制画面　可以监控调合过程及进行调合操作，如图 4-2 所示。

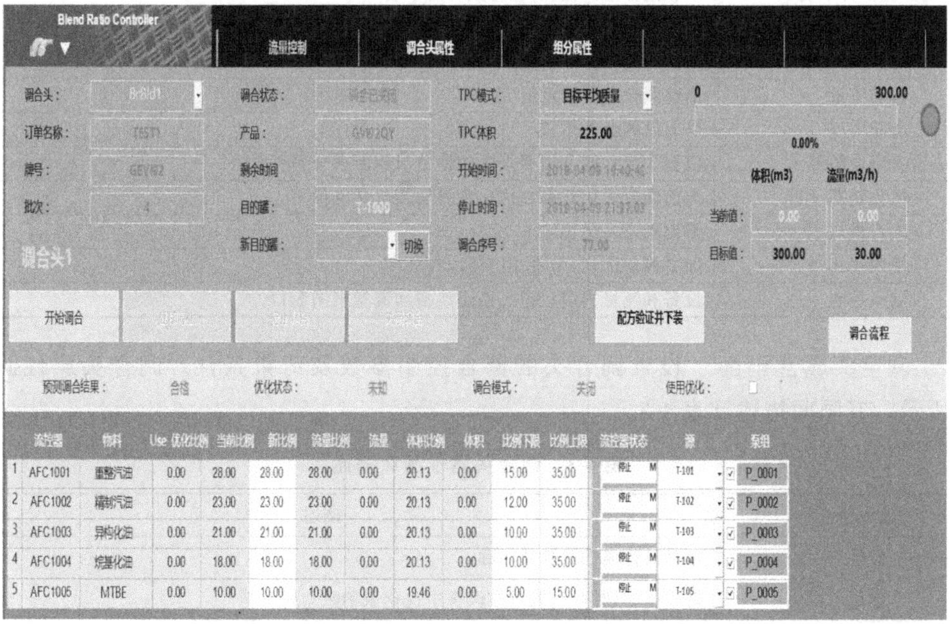

	流控器	物料	Use 优化比例	当前比例	新比例	流量比例	流量	体积比例	体积	比例下限	比例上限	流控器状态	源	泵组
1	AFC1001	重整汽油	0.00	28.00	28.00	28.00	0.00	20.13	0.00	15.00	35.00	停止 M	T-101	P_0001
2	AFC1002	精制汽油	0.00	23.00	23.00	23.00	0.00	20.13	0.00	12.00	35.00	停止 M	T-102	P_0002
3	AFC1003	异构化油	0.00	21.00	21.00	21.00	0.00	20.13	0.00	10.00	35.00	停止 M	T-103	P_0003
4	AFC1004	烷基化油	0.00	18.00	18.00	18.00	0.00	20.13	0.00	10.00	35.00	停止 M	T-104	P_0004
5	AFC1005	MTBE	0.00	10.00	10.00	10.00	0.00	19.46	0.00	5.00	15.00	停止 M	T-105	P_0005

图 4-2　流量调节控制画面

调合流量控制画面包括调合配方信息、调合设备及状态、比例及优化投用状态等，具体见表 4-2。

表 4-2　调合监控画面描述

显示项	描述
标题	显示当前画面名称及调合头
调合头	当前调合头名称

续表

显示项	描述
订单名称	当前配方的BI订单名称
牌号	当前调合产品牌号。例如GBVI92
批次	从开始一直执行的批次调合数量
调合状态	当前调合头的调合状态
产品	产品属性,例如GVI92QY
剩余时间	预估调合完成的剩余时间。预计结束时间会根据流量和剩余体积更新
目的罐	成品罐号
新目的罐	需要更换的目的罐
TPC模式	调合优化TPC模式
TPC体积	完成优化的TPC
开始时间	调合开始时间
停止时间	调合停止时间
调合序号	当前调合数量
开始调合	开始调合按钮。启动或重新启动调合
停止调合	停止调合按钮
立即停止	立即停止按钮,紧急停止调合
关闭调合	关闭调合按钮。关闭调合后,解除确认按钮,开始调合按钮可用
配方验证并下装	下载配方最终检验,检验成功后下装
目标流量	当前调合目标流量设定值
目标体积	当前调合目标体积设定值
当前流量	当前调合总管流量值
当前体积	当前已调合总体积
预测调合结果	根据优化和调合周期报告的预估值判断调合是否合格
优化状态	当前调合优化状态。优化未投用及优化已投用
调合模式	是比例还是优化
使用优化	如果投用优化,需要在小格内打"√"
流量控制	设备和流量视图按钮。调用设备和流量视图窗口

(2)调合头属性画面　设置调合头的调合控制参数及约束条件。调合头属性画面如图4-3所示，其画面描述见表4-3。

表4-3　调合头属性画面描述

显示项	描述
属性	油品具体属性的性质名称
使用	若在框中勾取√,表示在调合中优化该参数
平均值	调合已完成油品的计算性质
分析仪值	若有设置分析仪,可从分析仪获取实时分析性质
目标值	调合设定要实现的数值
低限	控制性质的最低容忍限值
高限	控制性质的最高容忍限值
成本	各单项性质的成本权重
罐底属性	调合目前的罐内油的平均性质
调合规则	实现对调合头性质准确计算的数学规则

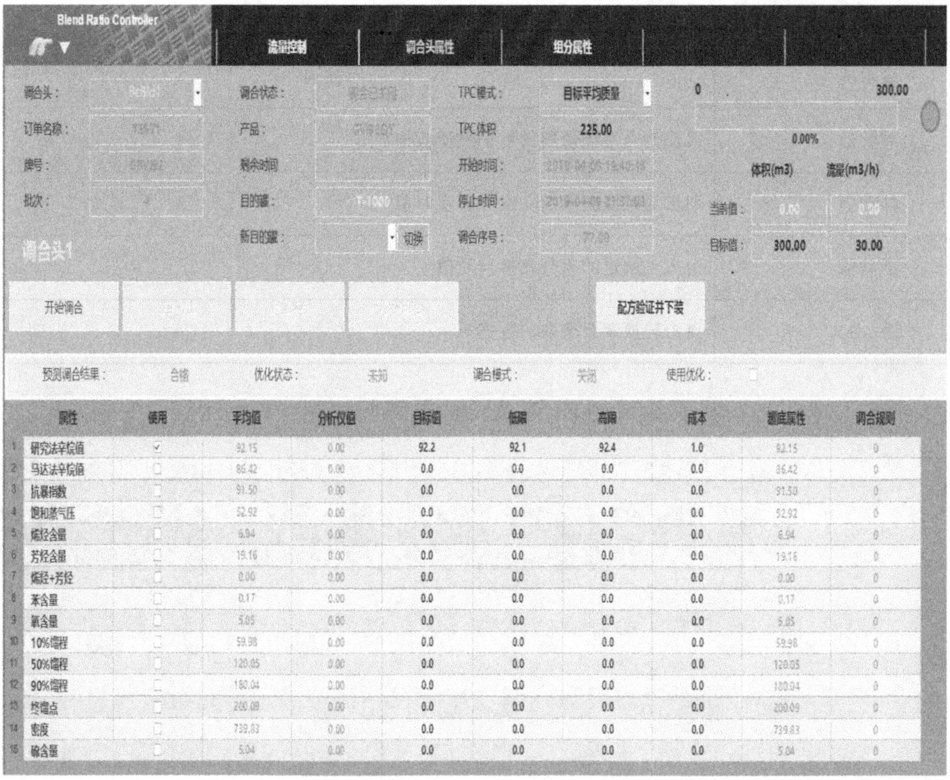

属性	使用	平均值	分析仪值	目标值	低限	高限	成本	基底属性	调合规则
1 研究法辛烷值	☑	92.15	0.00	92.2	92.1	92.4	1.0	92.15	0
2 马达法辛烷值	☐	86.42	0.00	0.0	0.0	0.0	0.0	86.42	0
3 抗暴指数	☐	91.50	0.00	0.0	0.0	0.0	0.0	91.50	0
4 饱和蒸气压	☐	52.92	0.00	0.0	0.0	0.0	0.0	52.92	0
5 烯烃含量	☐	6.94	0.00	0.0	0.0	0.0	0.0	6.94	0
6 芳烃含量	☐	19.16	0.00	0.0	0.0	0.0	0.0	19.16	0
7 烯烃+芳烃	☐	0.00	0.00	0.0	0.0	0.0	0.0	0.00	0
8 苯含量	☐	0.17	0.00	0.0	0.0	0.0	0.0	0.17	0
9 氧含量	☐	5.05	0.00	0.0	0.0	0.0	0.0	5.05	0
10 10%馏程	☐	59.98	0.00	0.0	0.0	0.0	0.0	59.98	0
11 50%馏程	☐	120.05	0.00	0.0	0.0	0.0	0.0	120.05	0
12 90%馏程	☐	180.04	0.00	0.0	0.0	0.0	0.0	180.04	0
13 终馏点	☐	200.09	0.00	0.0	0.0	0.0	0.0	200.09	0
14 密度	☐	739.83	0.00	0.0	0.0	0.0	0.0	739.83	0
15 硫含量	☐	5.04	0.00	0.0	0.0	0.0	0.0	5.04	0

图 4-3　调合头属性画面

（3）调合组分属性画面　设置调合各组分的调合性质，包括分析仪自动值及人工给定值选择。调合组分属性画面如图 4-4 所示，其描述见表 4-4。

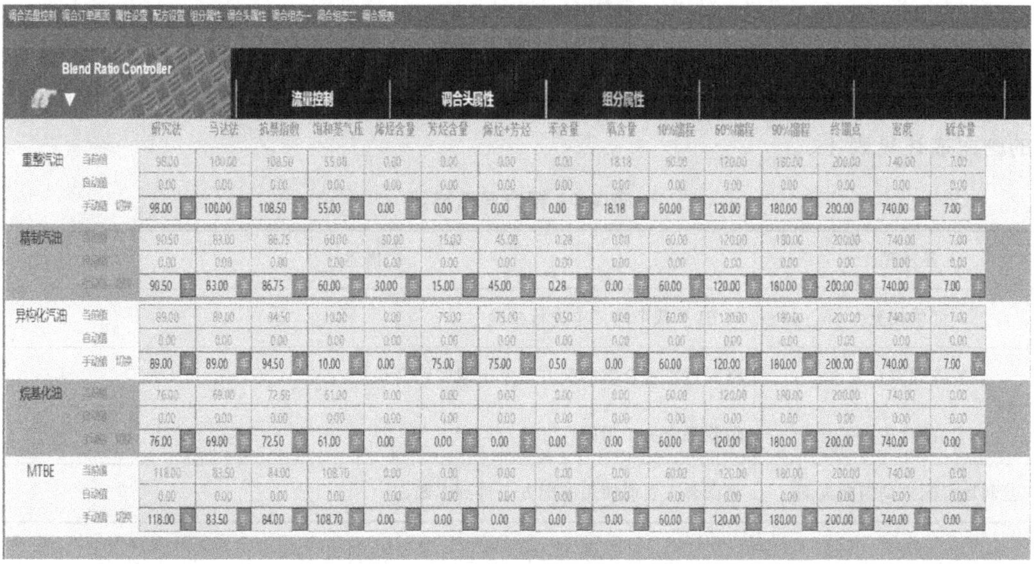

组分（手动值）	研究法	马达法	抗暴指数	饱和蒸气压	烯烃含量	芳烃含量	烯烃+芳烃	苯含量	氧含量	10%馏程	60%馏程	90%馏程	终馏点	密度	硫含量
重整汽油	98.00	100.00	108.50	55.00	0.00	0.00	0.00	0.00	18.18	60.00	120.00	180.00	200.00	740.00	7.00
精制汽油	90.50	83.00	86.75	60.00	30.00	15.00	45.00	0.28	0.00	60.00	120.00	180.00	200.00	740.00	7.00
异构化汽油	89.00	89.00	94.50	10.00	0.00	75.00	75.00	0.50	0.00	60.00	120.00	180.00	200.00	740.00	7.00
烷基化油	76.00	69.00	72.50	61.00	0.00	0.00	0.00	0.00	0.00	60.00	120.00	180.00	200.00	740.00	0.00
MTBE	118.00	83.50	84.00	108.70	0.00	0.00	0.00	0.00	0.00	60.00	120.00	180.00	200.00	740.00	0.00

图 4-4　调合组分属性画面

表 4-4　调合组分属性画面描述

显示项	描述
当前值	目前调合系统使用的组分性质数值
自动值	通常为系统获取的在线分析实时值
手动值	由人工给定的组分具体性质值
手(动)	点击转换调合获取的数据源

(4) 调合订单画面　获取并下载 BI 订单，订单画面如图 4-5 所示。

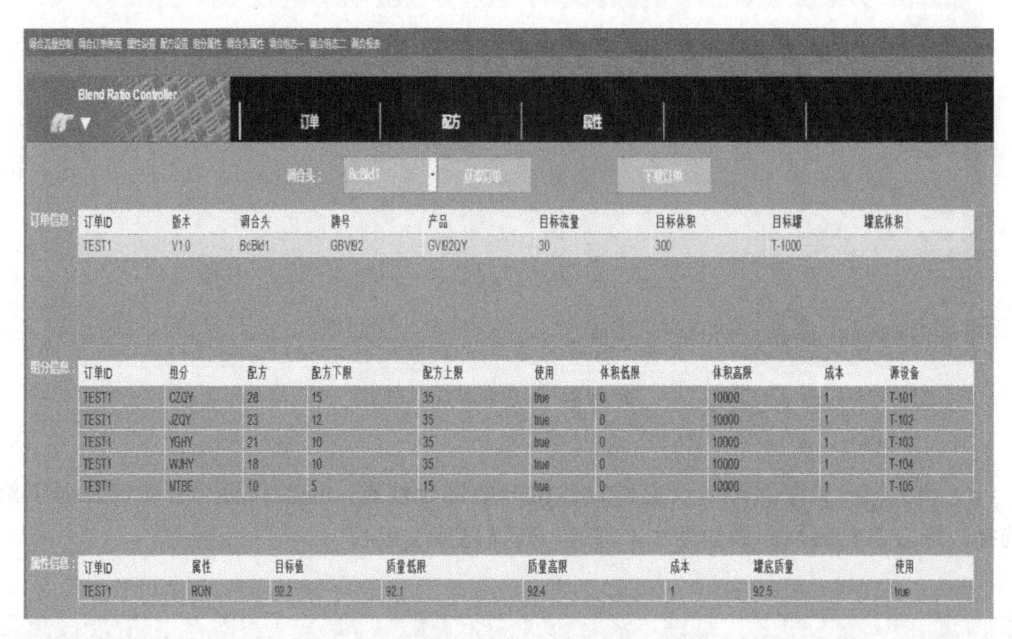

图 4-5　订单画面

(5) 调合配方画面　对 BI 订单进行校验并下载到调合头，配方画面如图 4-6 所示，具体的画面描述见表 4-5。

表 4-5　配方画面描述

显示项	描述
订单校验	对 BI 下载来的订单进行校验
装载到调合头	将经过校验合格的配方订单下载到调合头
调合头	转到调合头 1 画面
复制运行配方到当前画面	将调合头当前使用的配方上传到本画面

(6) 调合属性画面　设定优化所要控制的性质参数及控制值范围，调合属性画面及其描述分别见图 4-7 和表 4-6。

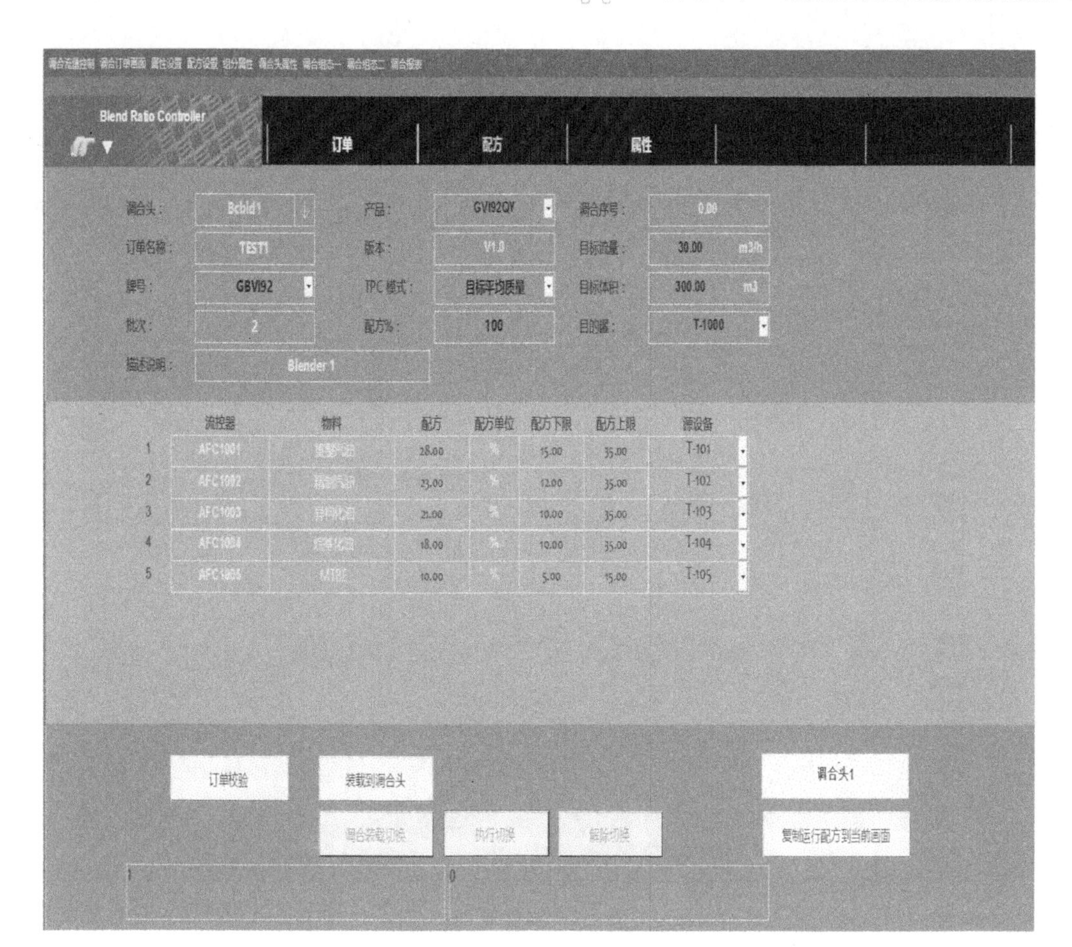

图 4-6　配方画面

表 4-6　属性画面描述

显示项	描述
目标值	优化要实现的控制值
目标低限	优化控制值合格的最低限值
目标高限	优化控制值合格的最高限值
成本	参数的成本权重
使用标志	勾选代表优化控制此指标
罐底属性	调合成品罐的平均属性
调合规则	性质优化所采用的模型规则
订单校验	对性质设定的检验
装载到调合头	将性质设定下载到调合头
成品罐底油性质录入画面	录入成品罐底油性质体积画面

（7）调合罐底油性质输入画面　可调合前设定罐底的性质，调合监控画面见图 4-8。

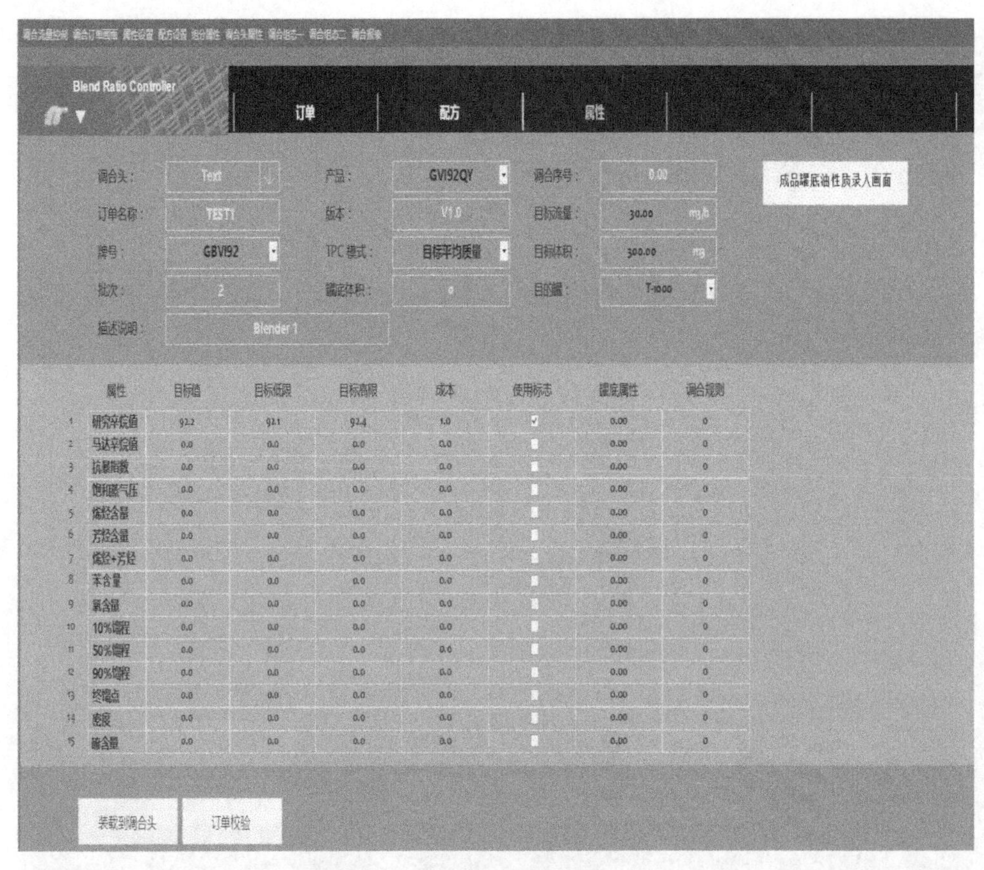

图 4-7　属性画面

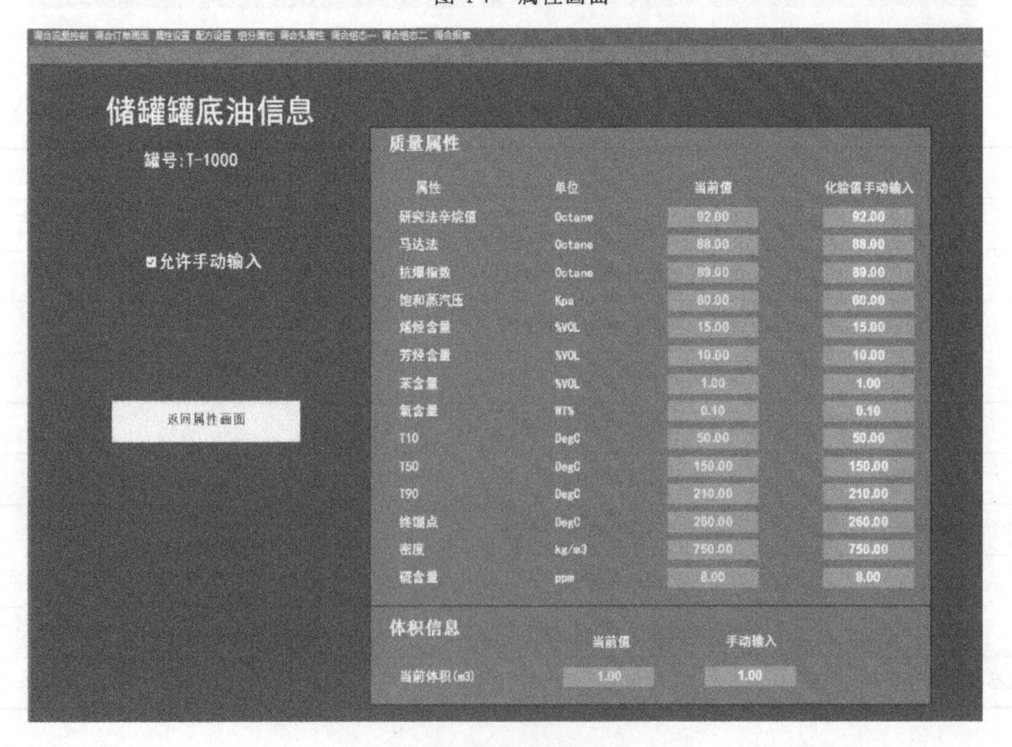

图 4-8　调合监控画面

2. 调合组态画面

调合组态画面仅针对工程师，操作人员无权设置。

工程师可以在调合组态画面中针对不同情况组态调合参数。

（1）调合组态画面（一）　调合组态画面（一），如图 4-9 所示，包括公共组态、BRC 工程组态及流量和体积组态，具体描述见表 4-7。

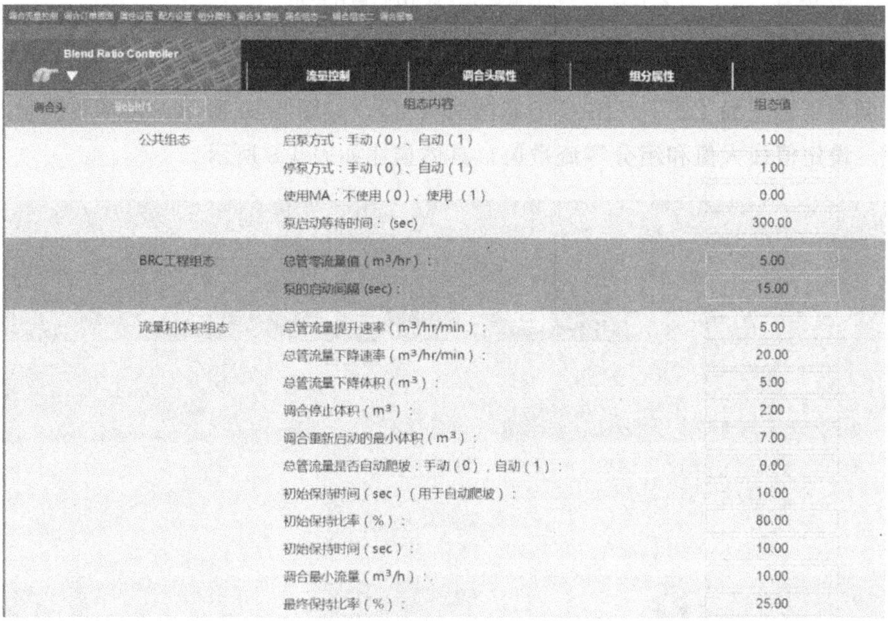

Blend Ratio Controller

流量控制　调合头属性　组分属性

调合头	组态内容	组态值
公共组态	启泵方式：手动（0）、自动（1）	1.00
	停泵方式：手动（0）、自动（1）	1.00
	使用MA：不使用（0）、使用（1）	0.00
	泵启动等待时间：(sec)	300.00
BRC工程组态	总管零流量值（m³/hr）：	5.00
	泵的启动间隔 (sec)：	15.00
流量和体积组态	总管流量提升速率（m³/hr/min）：	5.00
	总管流量下降速率（m³/hr/min）：	20.00
	总管流量下降体积（m³）：	5.00
	调合停止体积（m³）：	2.00
	调合重新启动的最小体积（m³）：	7.00
	总管流量是否自动爬坡：手动（0），自动（1）：	0.00
	初始保持时间（sec）（用于自动爬坡）：	10.00
	初始保持比率（%）：	80.00
	初始保持时间（sec）：	10.00
	调合最小流量（m³/h）：	10.00
	最终保持比率（%）：	25.00

图 4-9　组态画面（一）

表 4-7　组态画面（一）描述

列名	描述
公共组态	
启泵方式	写入 1,系统自动启泵,写入 0,人工启泵
停泵方式	写入 1,系统自动停泵,写入 0,人工停泵
使用 MA	本项目直接为 0,无 MA
泵启动等待时间	调合启动时等待泵启动的时间间隔
BRC 工程组态	
主清除持续时间	主清除状态保持时间
总管零流量值	总管零流量值。当总管流量小于该值时认为总管流量为零
流量和体积组态	
总管流量提升速率	调合启动时总管流量提升的速率
总管流量下降速率	调合停止时总管流量下降的速率
总管流量下降体积	当调合目标体积减去当前体积等于该值时,调合状态自动变为斜坡下降状态
调合停止体积	当调合目标体积减去当前体积等于该值时,调合状态自动变为调合停止状态
调合重新启动最小体积	当调合目标体积减去当前调合体积大于等于该值时,调合才能重新启动
总管流量是否自动爬坡	初始保持后,是否自动进入爬坡状态

续表

列名	描述
初始保持时间(用于自动爬坡)	调合启动初始保持阶段的时间
初始保持比率	调合启动初始保持的比率
最终保持时间	调合启动最终保持阶段的时间
调合最小流量	调合过程中总管流量低于此值时,调合停止
最终保持比率	调合最终下降稳态阶段保持速度比率

(2) 调合组态画面(二) BRC组态画面(二),如图4-10所示,包括各流量控制器输出最大值、设定值最大值和组分零流量值,具体描述如表4-8所示。

图4-10 组态画面(二)

图4-8 组态画面(二)描述

列名	描述
流量控制器名称	
输出最大值	该流量控制器允许输出的最大值。阀门开度
设定值最大值	流量控制器设定的最大值

续表

列名	描述
组分零流量	当流量计读数小于该值时，认为该组分流量为零
流量偏差	允许的流量波动偏差范围

BI 的主要功能（主管及工程师修改）包括：

① 调合配比设定。

② 调合组分基本性质设定。

③ 多个配方的保存。

BI 画面浏览基于 PB 浏览器或 Web 浏览器。

PB 浏览器是一个通用的应用平台，很多应用模块都将它作为人机接口，其中包括 PBO，它为类似 PBO 这些运行在 Microsoft Windows® 环境中的应用程序提供了一个通用界面。

Web 浏览器是基于 IE、谷歌浏览器等的通用浏览器。

3. BI 画面

商业智能 BI 的画面如图 4-11 所示。

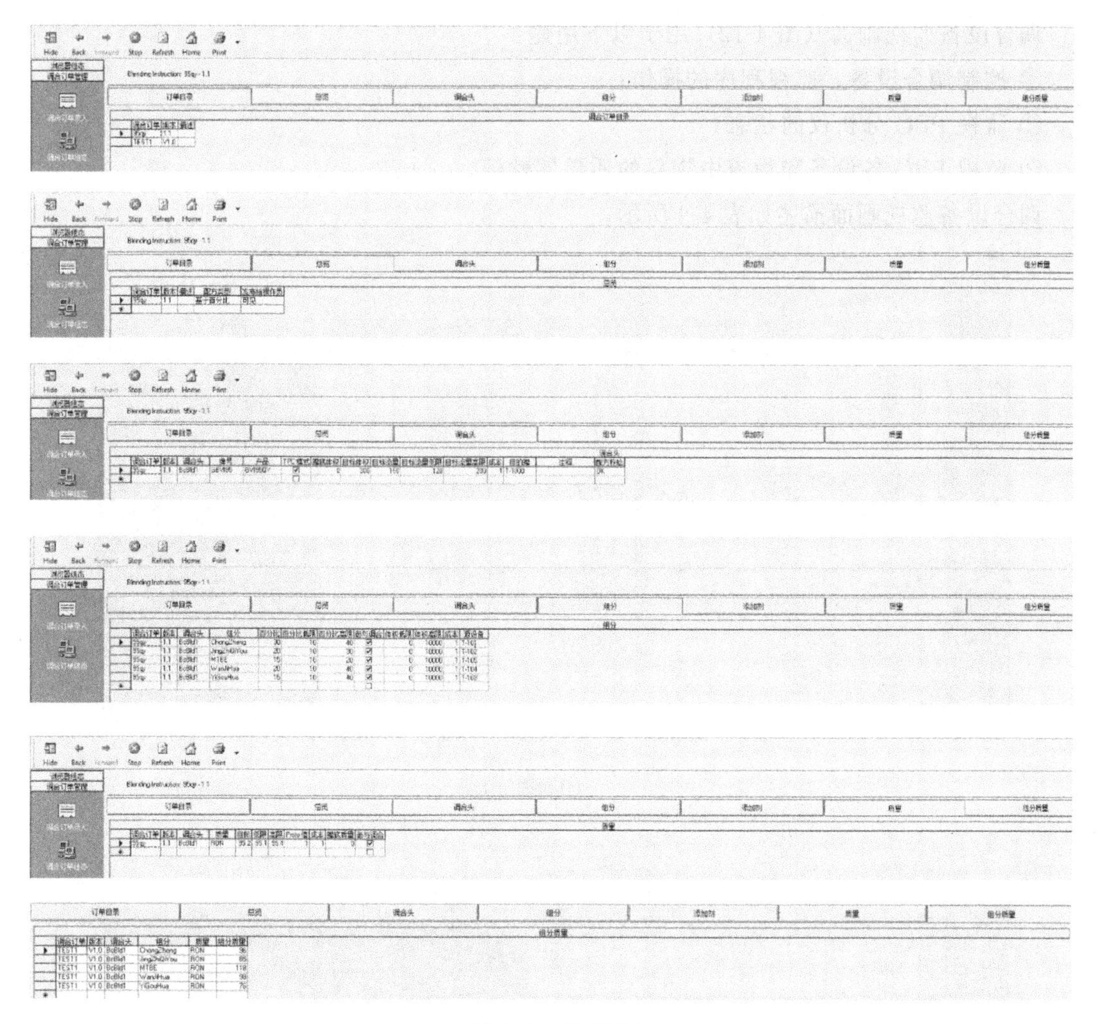

图 4-11　BI 画面

第三节 PBO功能及画面介绍

调合优化（PBO）可以在炼油厂汽油、柴油或其他燃料油调合中，通过优化单个组分配方的设定值来提供复杂的质量控制。PBO 同调合比例控制（BRC）、BI 紧密工作，共同完成基础的组分配方控制和高级质量控制。

PBO 使用 NOVA™优化器，并通过来自在线分析仪的质量测量值和调合模型来确定最佳的组分配方变化。

PBO 画面浏览基于 PB 浏览器或 WEB 浏览器。

Production Browser 是一个通用的应用平台，很多应用模块都将它作为人机接口，其中包括 OpenBPC，它为类似 OpenBPC 这些运行在 Microsoft Windows® 环境中的应用程序提供了一个通用界面。

1. 调合设备监视画面

调合设备监视画面（图 4-12）用于以下用途：

① 控制调合设备，监视程序的操作；

② 监视 PBO 分析仪的状态；

③ 监视 PBO 各设备和物流中物料的质量属性值。

调合设备监视画面描述如表 4-9 所示。

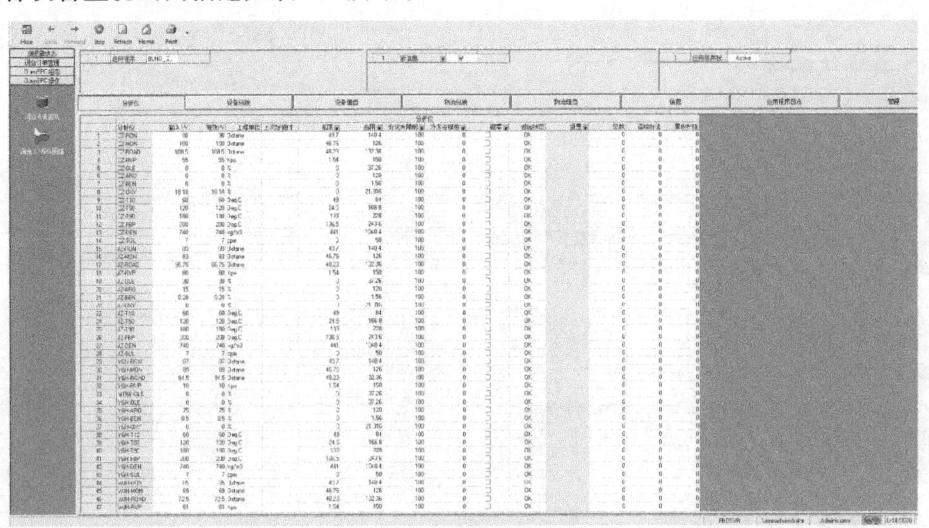

(a) 画面(一)

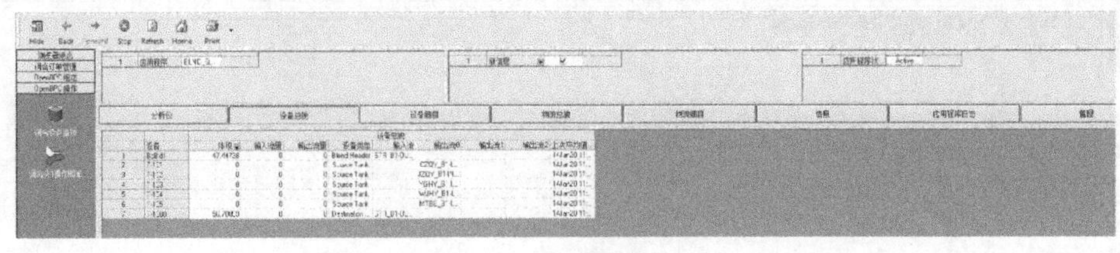

(b) 画面(二)

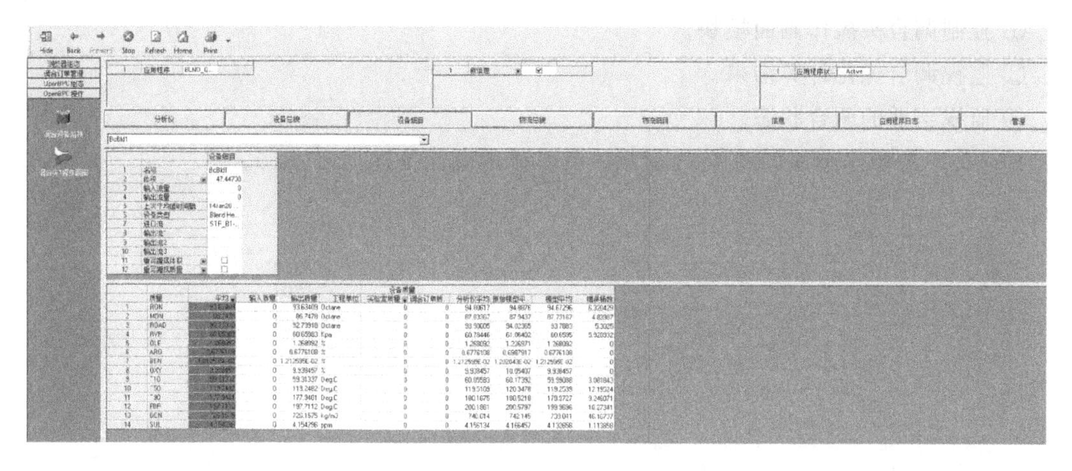

(c) 画面(三)

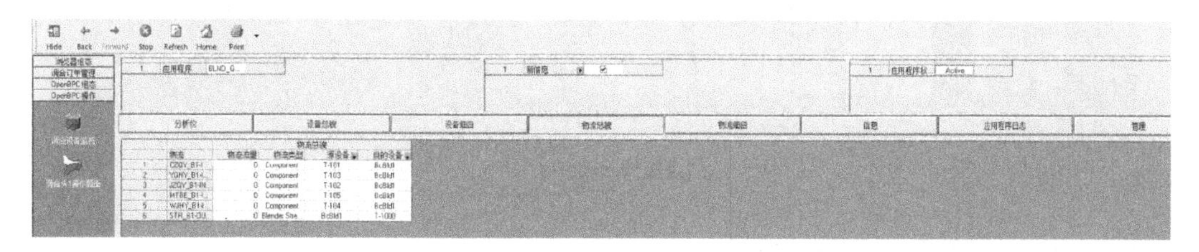

(d) 画面(四)

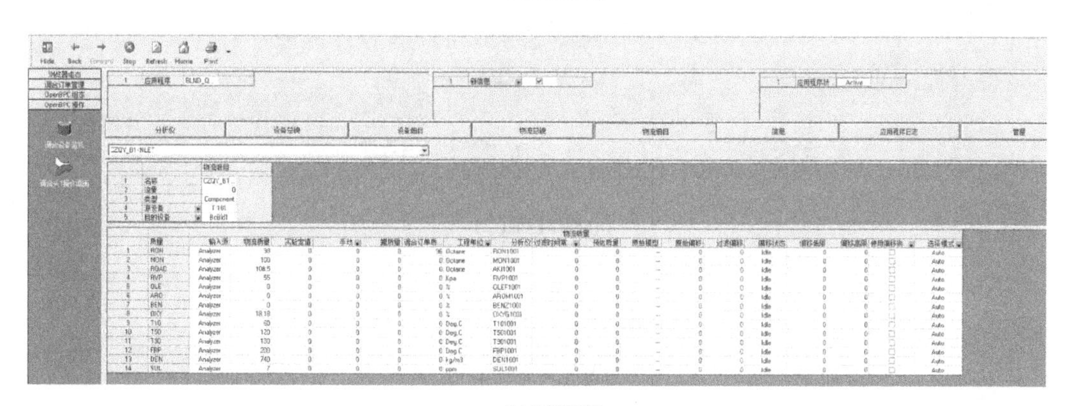

(e) 画面(五)

图 4-12　监视画面

表 4-9　监视画面描述

列名	描述
分析仪	调合设备监视程序监视的各个分析仪的状态
设备总貌	各源设备及目的设备物料流入流出的情况
设备细目	显示的是单个设备当前状态和设备参数
物料总貌	各物流的当前流量和状态以及物流类型
物流细目	显示的是某一个物流当前的流量和质量信息

2. 调合头 1 操作画面

调合头操作画面有以下用途：

① 控制调合头操作画面模块。

② 监视调合优化计算结果。

③ 监视当前的调合状态。

调合头 1 的操作画面如图 4-13 所示，其具体的画面描述见表 4-10。

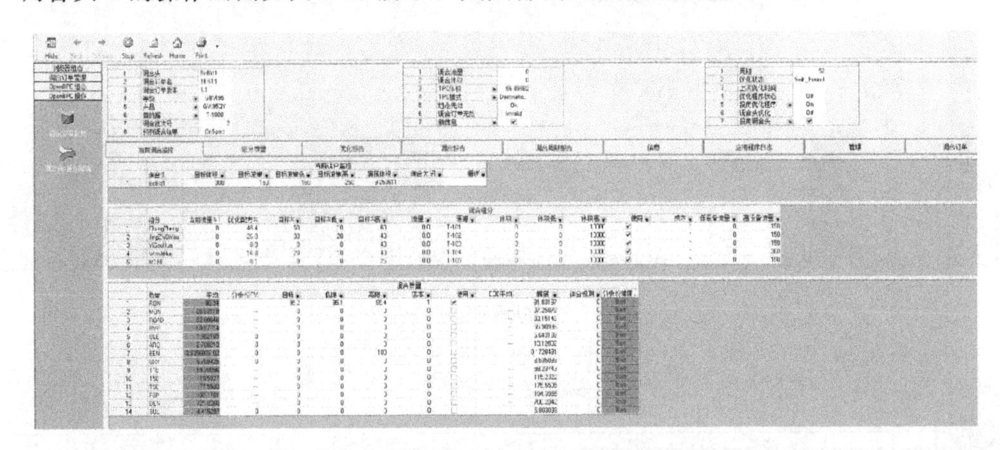

(a) 操作画面(一)

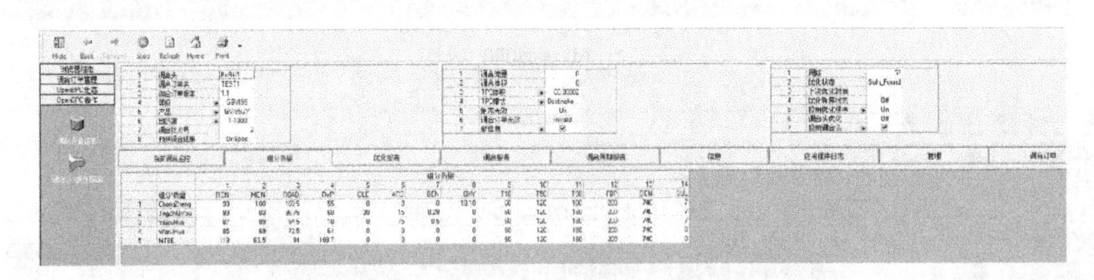

(b) 操作画面(二)

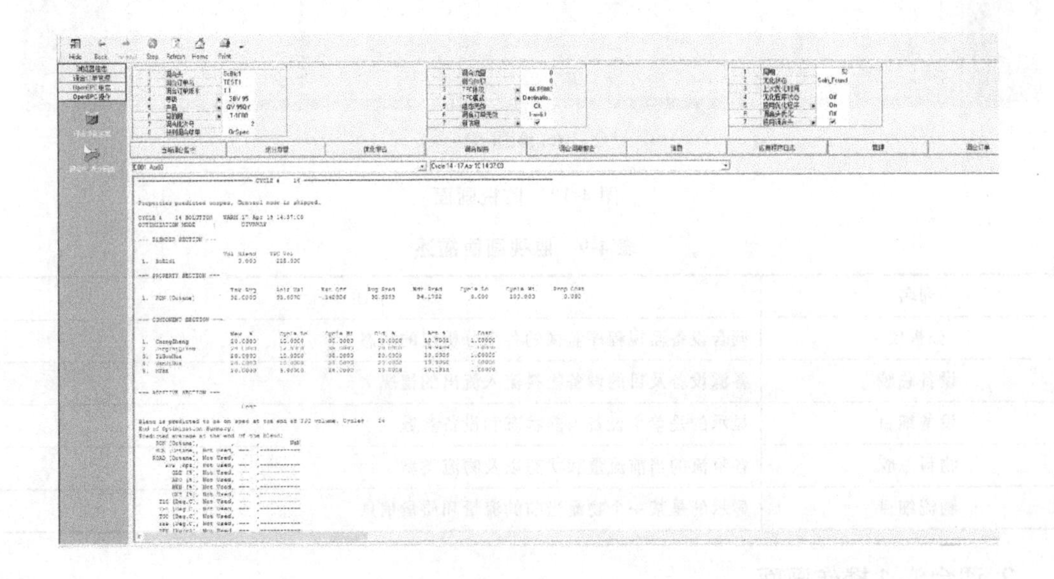

(c) 操作画面(三)

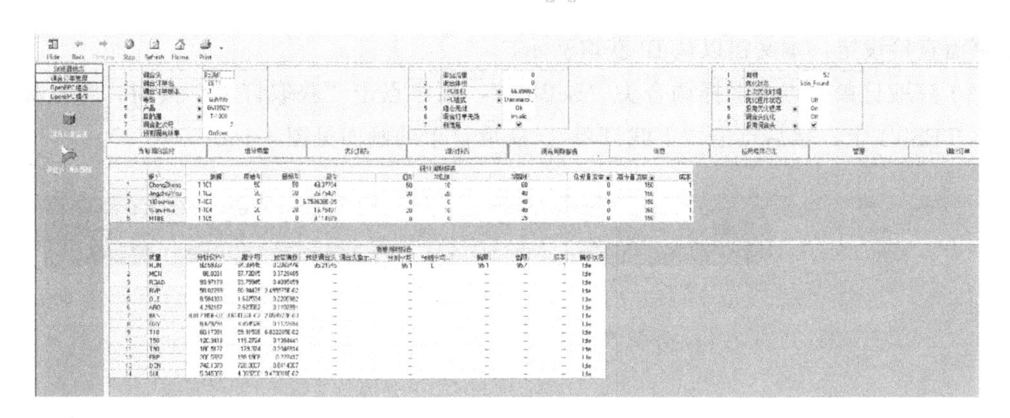

(d) 操作画面(四)

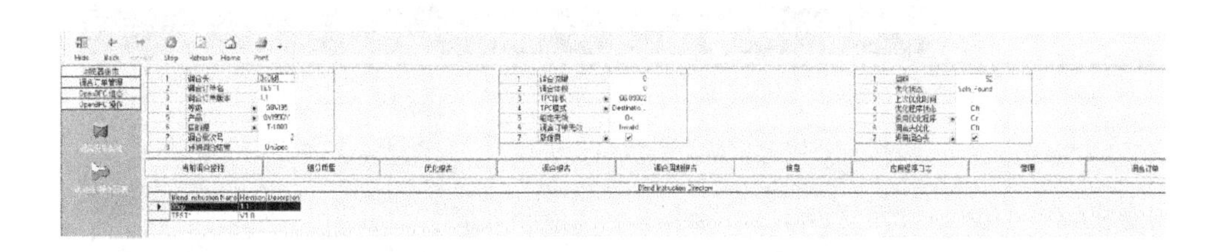

(e) 操作画面(五)

图 4-13　调合头 1 操作画面

表 4-10　调合头 1 操作画面描述

列名	描述
当前调合监控	当前的组分、质量值和所有的调合设置
组分质量	调合优化计算中使用的调合值
优化报告	当前调合头的优化信息
调合报告	提供的综合报告包括 PBO 的配置、调合优化器设定的调合配方以及调合优化器执行周期的调合优化计算结果
调合周期报告	显示最后一个调合优化器执行周期的组分和质量值
信息	显示产生的最近的操作信息
调合订单	获取 BI 订单

第四节　BRC基本操作

本节详细描述了一个调合任务从建立、启动到停止的过程。

1. 调合前期准备

调合前期的准备首先是配方的获取，获取途径有两个，一个是从 BI 获取，另一个是在订单页面直接设定。本文档以从 BI 获取演示。

（1）获取订单　点击选择调合头“BcBld1”，顺序点击“获取订单”按钮，将鼠标放置于订单 TEST1 上，然后点击“下载订单”。获取订单的画面见图 4-14。

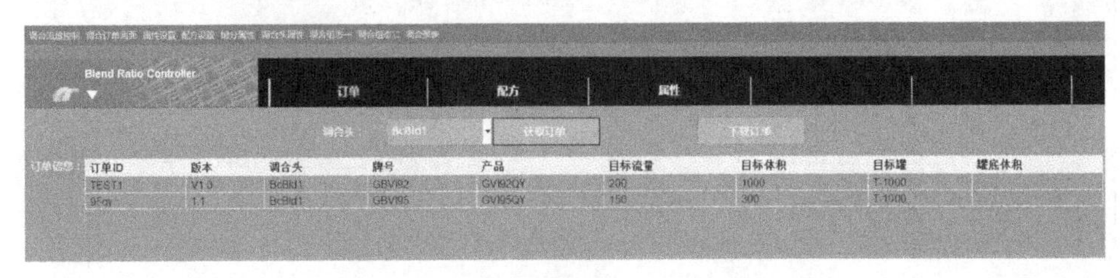

(a) 画面(一)

(b) 画面(二)

(c) 画面(三)

图 4-14　获取订单画面

（2）BI 配方检验　观察下载配方与 BI 订单有无差异，若无差异点击“订单校验”。校验成功后，点击“装载到调合头”。若无须优化控制，直接点击“调合头 1”按钮进入调合流量控制画面。若进行优化控制，仍需进入“属性画面”。配方检验画面如图 4-15 所示。

（3）属性配置检验　首先检查验证 BI 获取的控制指标，进行订单校验。然后点击进入“成品罐底油性质录入画面”，在“化验值手动输入”框下面输入罐底油性质数值及罐底油体积，完成后点击选择“允许手动输入”，确认数据传输完成后，点击“返回属性画面”。然后点击“装载到调合头”，下装属性值。属性配置画面如图 4-16 所示。

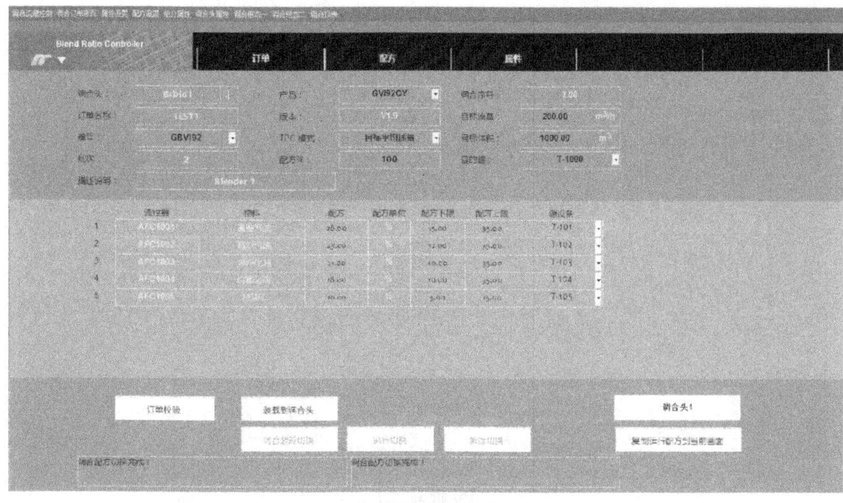

(a) 检验画面(一)

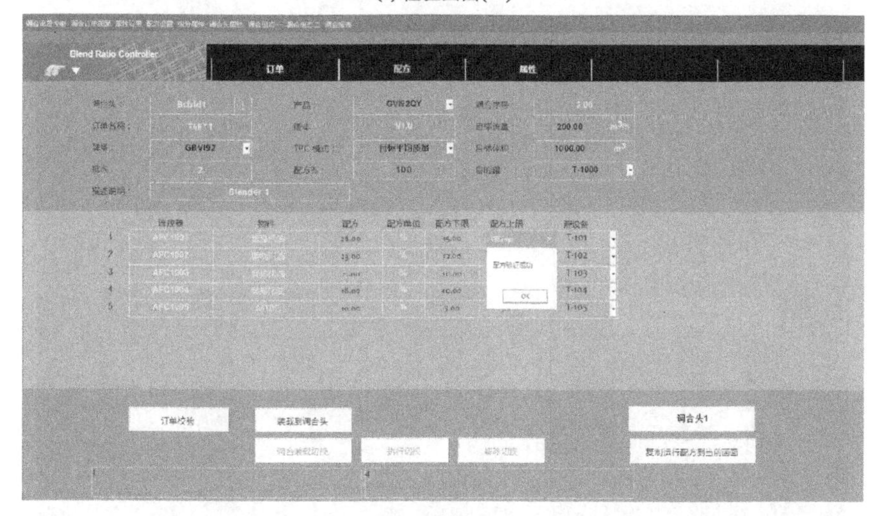

(b) 检验画面(二)

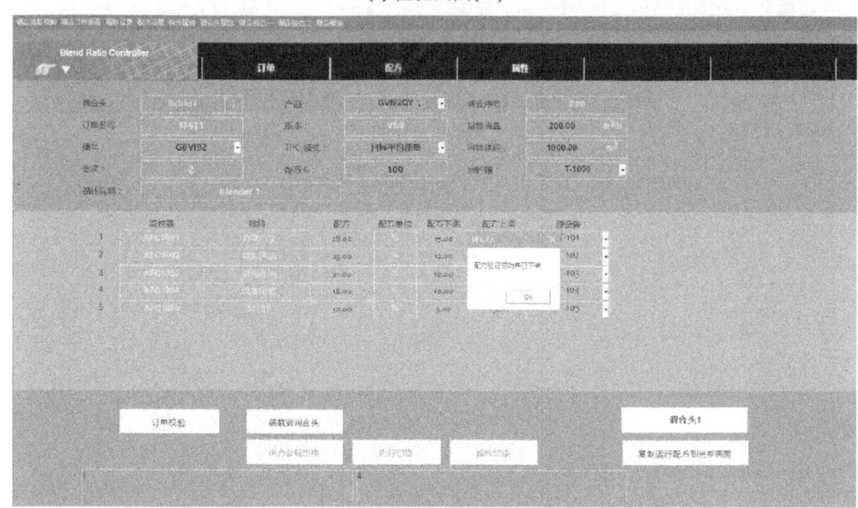

(c) 检验画面(三)

图 4-15　配方检验画面

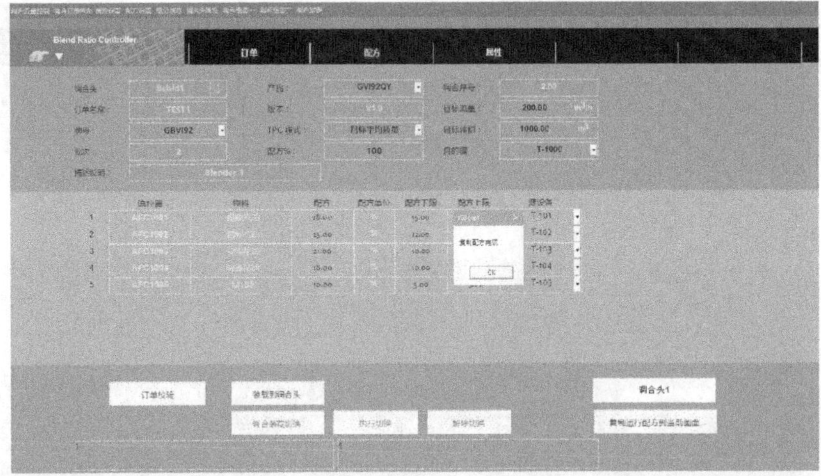

(a) 画面(一)

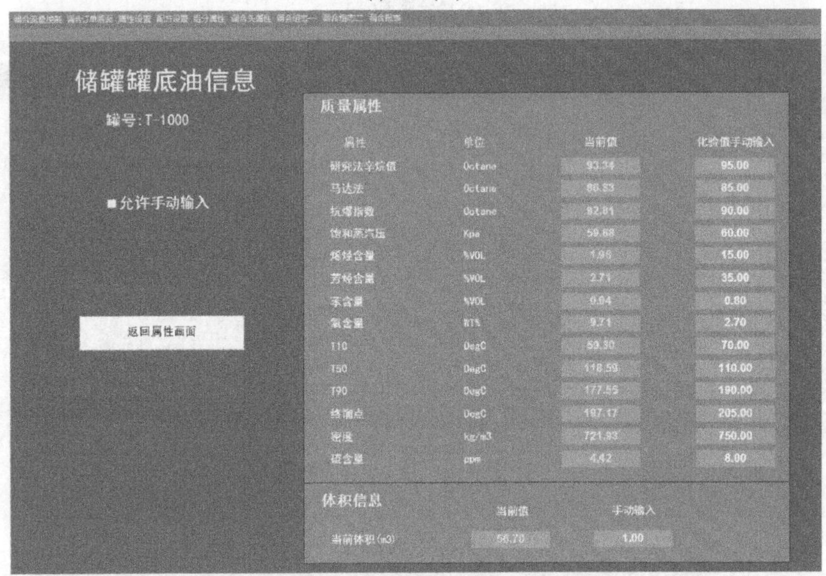

(b) 画面(二)

(c) 画面(三)

图 4-16 属性配置画面

（4）下载配方检查

① 检查“流量控制”画面：新配比、比例上下限、目标体积、流量、目的罐、批次、牌号等是否与 BI 一致。

② 检查“调合头属性”画面：检查属性控制值、使用项是否与 BI 一致。

③ 检查“组分属性”画面：检查各组分性质是否都有合理值（本项目全部为手动值），且置于手动给值位置。

各项检查完毕后，在“流量控制”画面点击“配方验证并下装”，下载新配方。下载配方检查画面如图 4-17 所示。

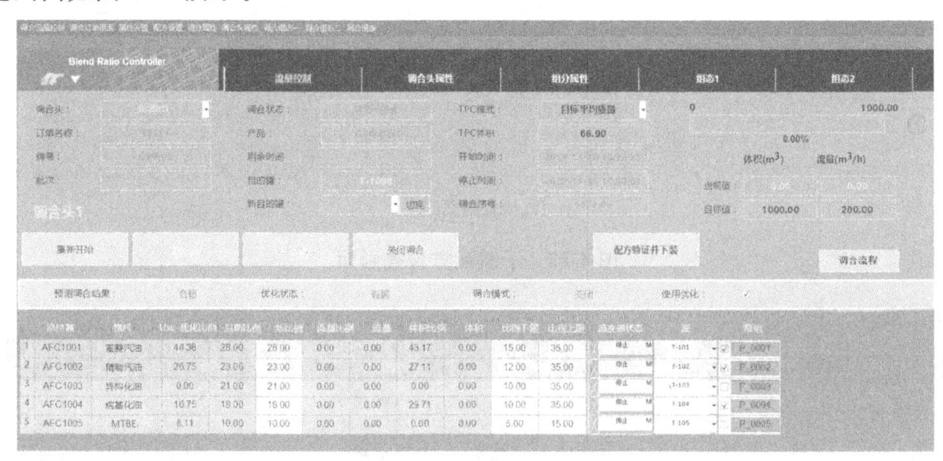

(a) 检查画面(一)

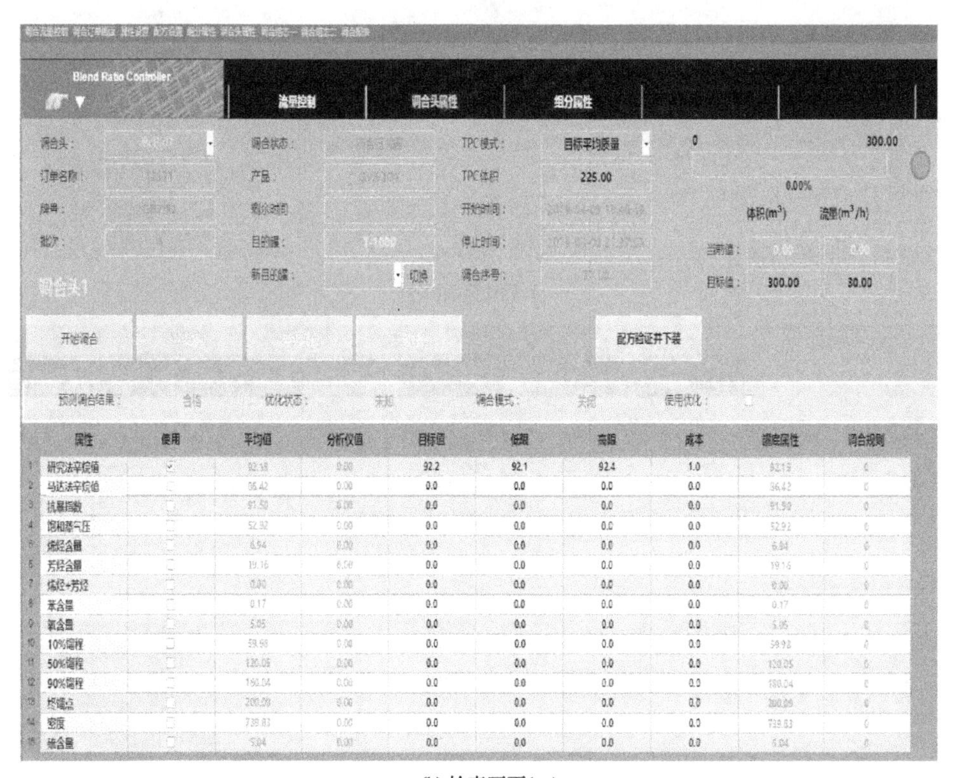

(b) 检查画面(二)

图 4-17

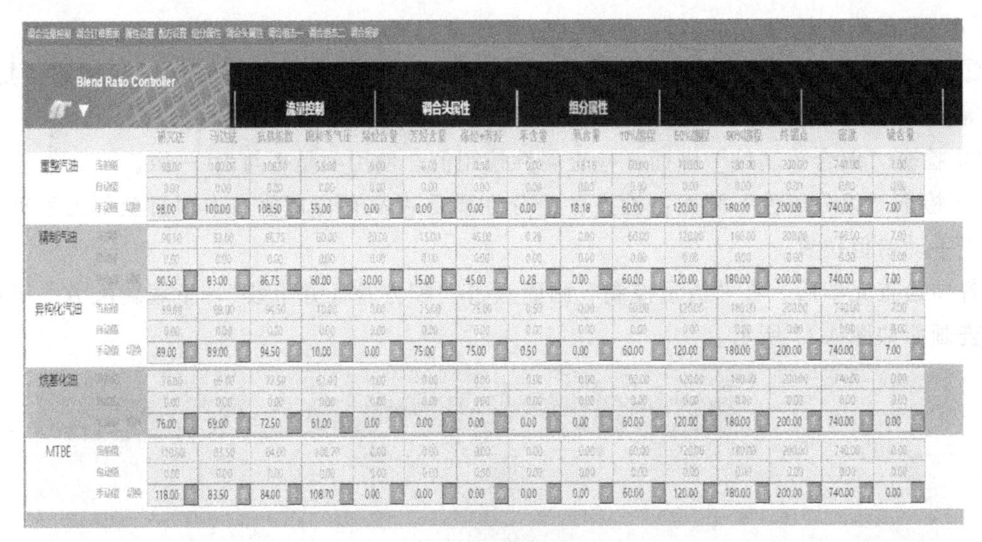

(c) 检查画面(三)

图 4-17 下载配方检查画面

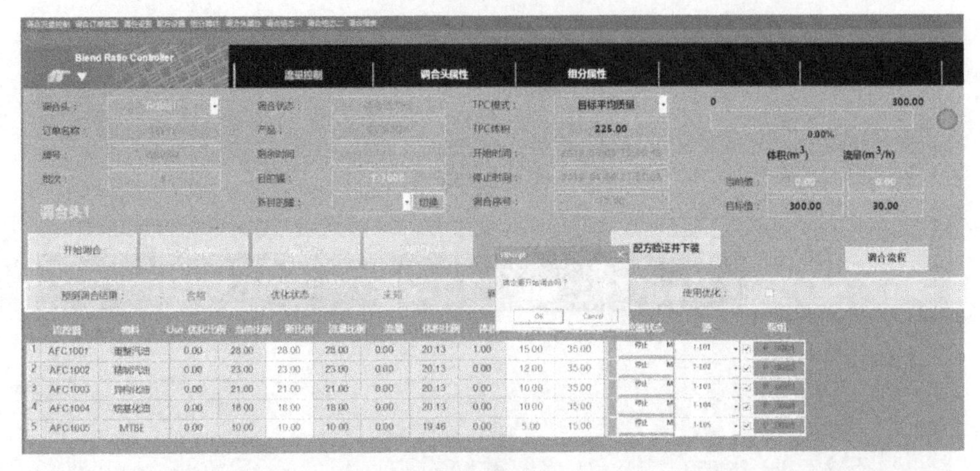

(a) 启动画面(一)

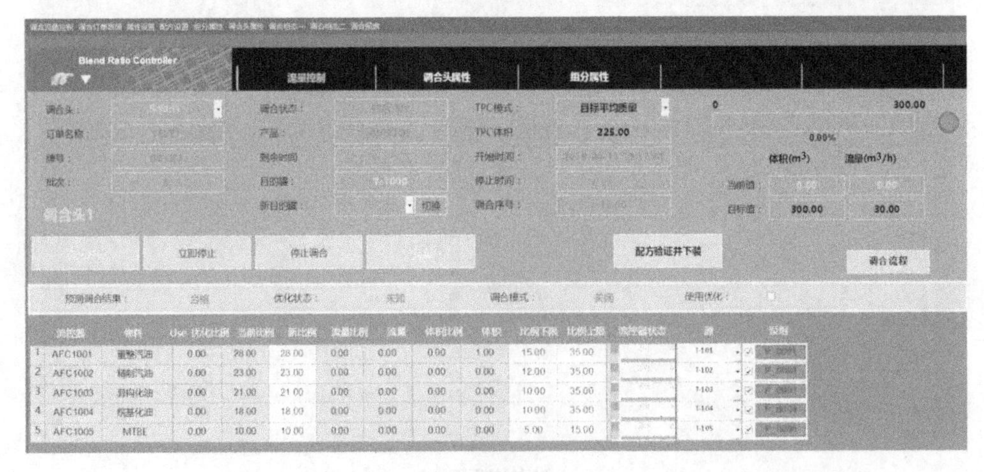

(b) 启动画面(二)

图 4-18 调合启动画面

2. 调合启动步骤

调合通常会有一个基本的启动步骤：主清除—开始调合—初始爬坡—初始稳态—爬坡—稳态—斜坡下降—最终稳态—停止调合—调合停止—调合关闭。

下面将按这个步骤进行演示。

（1）启动调合——主清除　在“流量监控”画面点击“开始调合按钮”，系统自动进入初始清除（主清除）阶段，清除上次调合留下的信息。调合启动画面见图 4-18。

（2）开始调合　在初始清除完毕后，系统自动进入“调合状态：开始调合”，系统会自动（或人工）启动泵、流量控制器。开始调合画面见图 4-19。

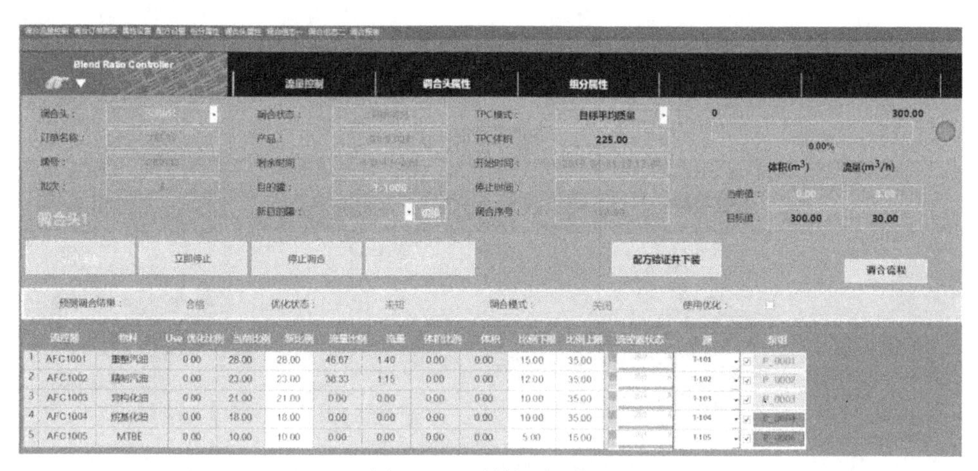

图 4-19　开始调合画面

（3）初始爬坡　在调合设备启动完毕后，系统自动进入“调合状态：初始爬坡”。初始爬坡画面如图 4-20 所示。

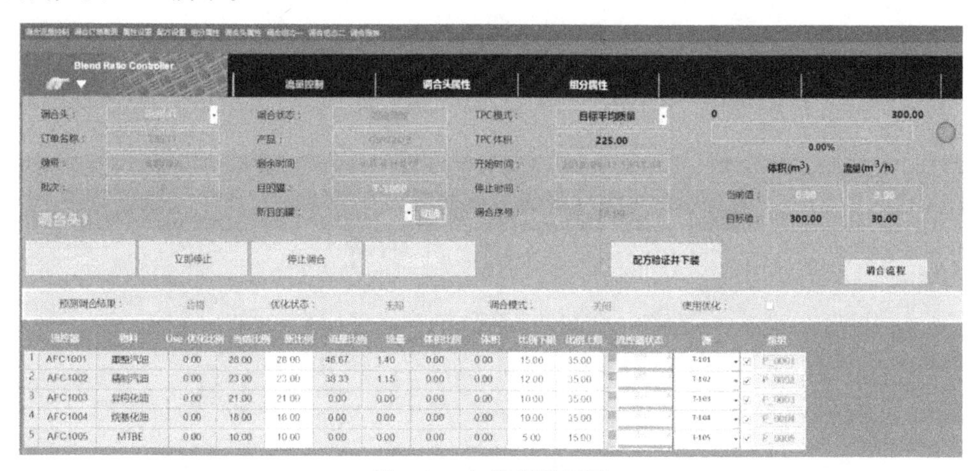

图 4-20　初始爬坡画面

（4）初始稳态　在流量达到初始稳态值后，系统自动进入“调合状态：初始稳态”，并处于保持状态。若设置为自动爬坡，则保持时间达到后，系统自动爬坡；若设为手动，则需要点击“爬坡到目标流量”按钮并确认。初始稳态画面如图 4-21 所示。

（5）稳态　在流量达到目标流量值后，系统自动进入“调合状态：稳态”，并处于保持状态（图 4-22）。

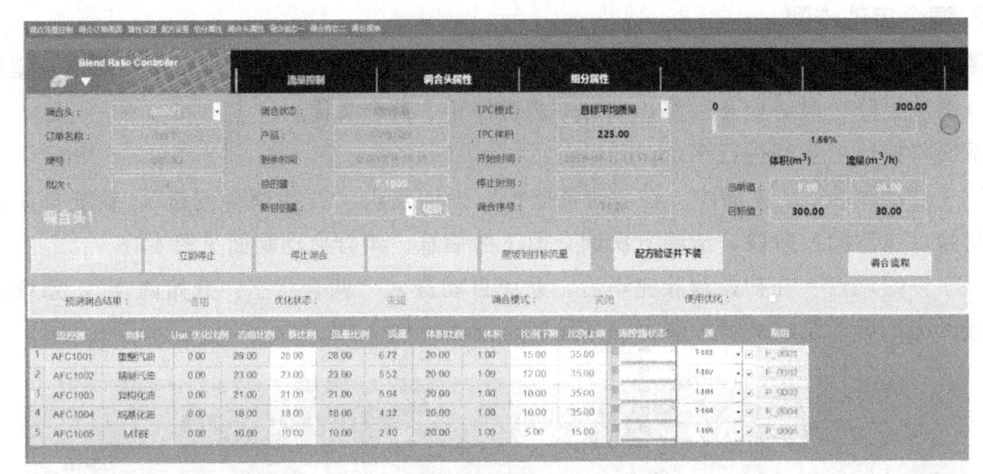

(a) 稳态画面(一)

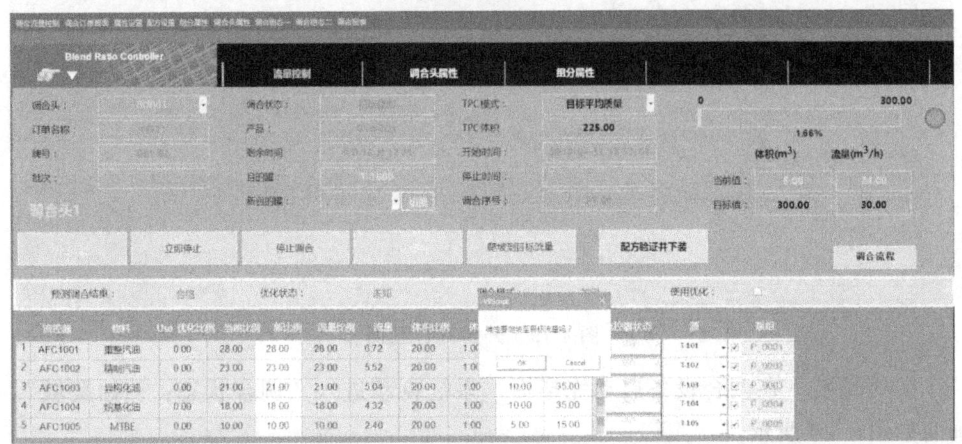

(b) 稳态画面(二)

图 4-21 初始稳态画面

Blend Ratio Controller

流量控制 调合头属性 组分属性

调合头：　订单名称：　牌号：　批次：

调合状态：　产品：　剩余时间　目的罐：　新目的罐：　切换

TPC模式：目标平均质量　TPC体积 225.00　开始时间：　停止时间：　调合序号：

0　300.00　1.66%

体积(m³)　流量(m³/h)　当前值：　目标值：300.00　30.00

调合头1

立即停止　停止调合　配方验证并下装　调合流程

预测调合结果：合格　优化状态：　调合模式：　使用优化：

	流控器	物料	Use 优化比例	当前比例	新比例	流量比例	流量	体积比例	体积	比例下限	比例上限	流控器状态	源	泵组
1	AFC1001	重整汽油	0.00	28.00	28.00	28.00	8.40	20.00	1.00	15.00	35.00		T-101	P_0001
2	AFC1002	精制汽油	0.00	23.00	23.00	23.00	6.90	20.00	1.00	12.00	35.00		T-102	P_0002
3	AFC1003	异构化油	0.00	21.00	21.00	21.00	6.30	20.00	1.00	10.00	35.00		T-103	P_0003
4	AFC1004	烷基化油	0.00	18.00	18.00	18.00	5.40	20.00	1.00	10.00	35.00		T-104	P_0004
5	AFC1005	MTBE	0.00	10.00	10.00	10.00	3.00	20.00	1.00	5.00	15.00		T-105	P_0005

图 4-22 稳态画面

(6) 斜坡下降　当调合体积达到组态设置的调合下降体积或按下“停止调合”按钮后，

系统由稳态转变至“调合状态：斜坡下降”，调合流量将按照预设下降。斜坡下降画面如图4-23所示。

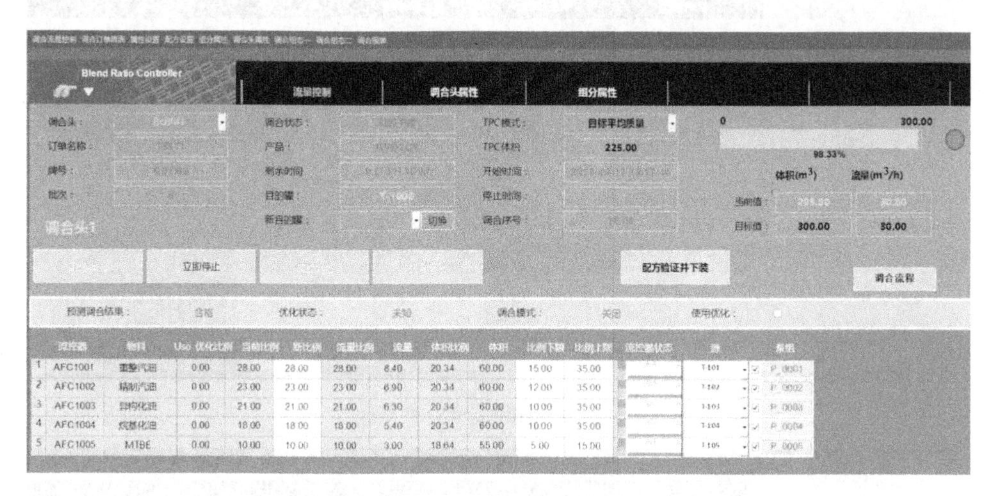

图4-23　斜坡下降画面

（7）最终稳态　当调合流量值到达最终保持预设值，系统转变至“调合状态：最终稳态”（图4-24）。

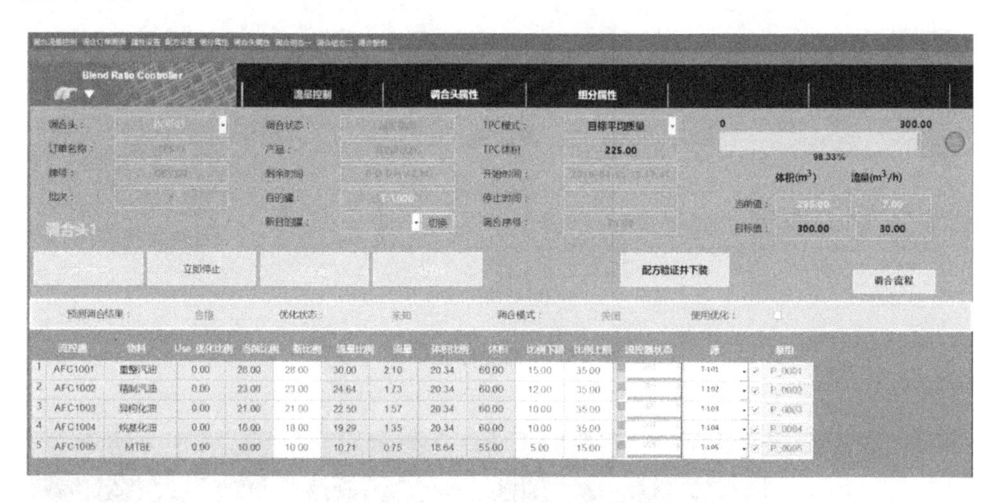

图4-24　最终稳态画面

（8）调合停止　当调合最终稳态保持时间达到预设值或人工点击“立即停止”按钮后，系统将进入停止调合状态，显示“调合状态：停止调合”。系统流量全部停止，泵、阀设备关闭后，调合完全停止，显示“调合状态：调合已停止”。调合停止画面如图4-25所示。

（9）重启调合　若调合中途异常中断，在故障解除后，重启调合，需要保证目标值与当前值之间的差值大于重启调合的设定体积，重启的步骤除省略主清除阶段外，其余与正常调合无异。重启调合画面如图4-26所示。

（10）关闭调合　若调合已完成，相关数据已统计，在准备下一批次调合前可关闭该调合。关闭调合画面如图4-27所示。

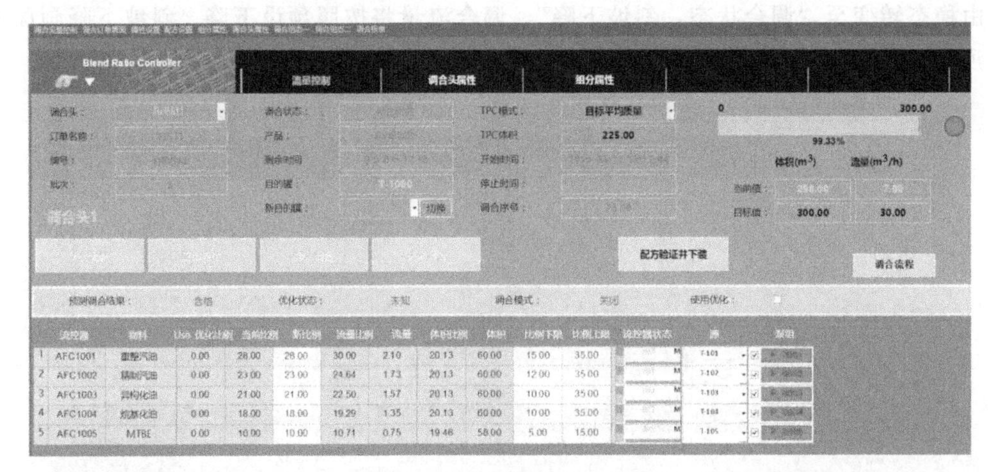

(a) 画面(一)

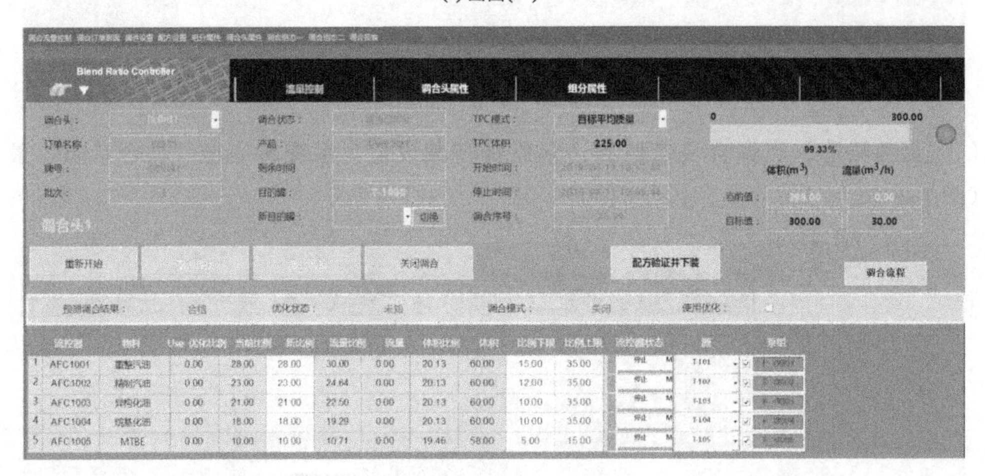

(b) 画面(二)

图 4-25　调合停止画面

Blend Ratio Controller
流量控制
调合头属性
组分属性
调合头：
订单名称：
牌号：
批次：
调合状态：
产品：
剩余时间
目的罐：
新目的罐：
切换
TPC模式：
目标平均质量
TPC体积
225.00
开始时间：
停止时间：
调合序号：
0
300.00
99.33%
体积(m³)
流量(m³/h)
当前值：
目标值：
300.00
30.00
调合头1
重新开始
关闭调合
调合流程
预测调合结果：
合格
优化状态：
未知
使用优化：
OK
流控器 物料 Use 优化比例 当前比例 新比例 流量比例 流量
1 AFC1001 重整汽油 0.00 28.00 28.00 30.00 0.00 20.13 60.00 15.00 35.00 停止 T-101
2 AFC1002 精制汽油 0.00 23.00 23.00 24.64 0.00 20.13 60.00 12.00 35.00 停止 T-102
3 AFC1003 异构化油 0.00 21.00 21.00 22.50 0.00 20.13 60.00 10.00 35.00 停止 T-103
4 AFC1004 烷基化油 0.00 18.00 18.00 19.29 0.00 20.13 60.00 10.00 35.00 停止 T-104
5 AFC1005 MTBE 0.00 10.00 10.00 10.71 0.00 20.13 60.00 5.00 15.00 停止 T-105

图 4-26　重启调合画面

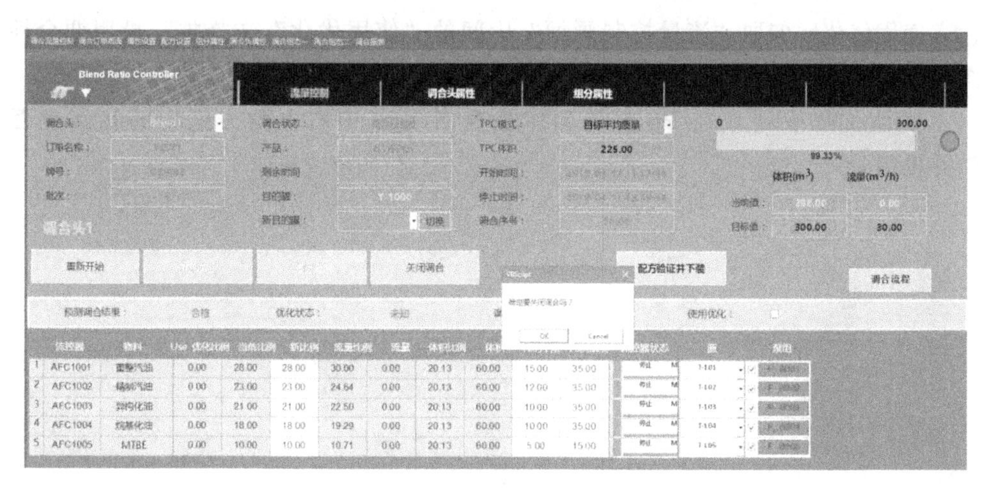

(a) 画面(一)

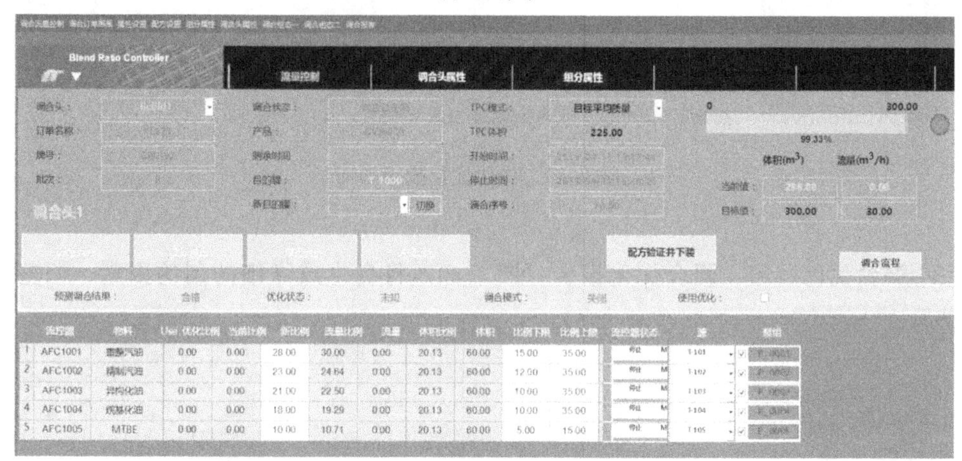

(b) 画面(二)

图 4-27　关闭调合画面

3. 调合优化控制

在系统投入优化前，需要先让调合进入稳态，然后才可以启动优化。

图 4-28　优化画面

（1）使用优化　勾取“流量控制画面”中间的“使用优化”选择框，投用调合性质优化（图 4-28）。

（2）确认优化投用　在 PB 浏览器中检查图 4-29 中右上角方框中的状态是否置为“ON”并投用。

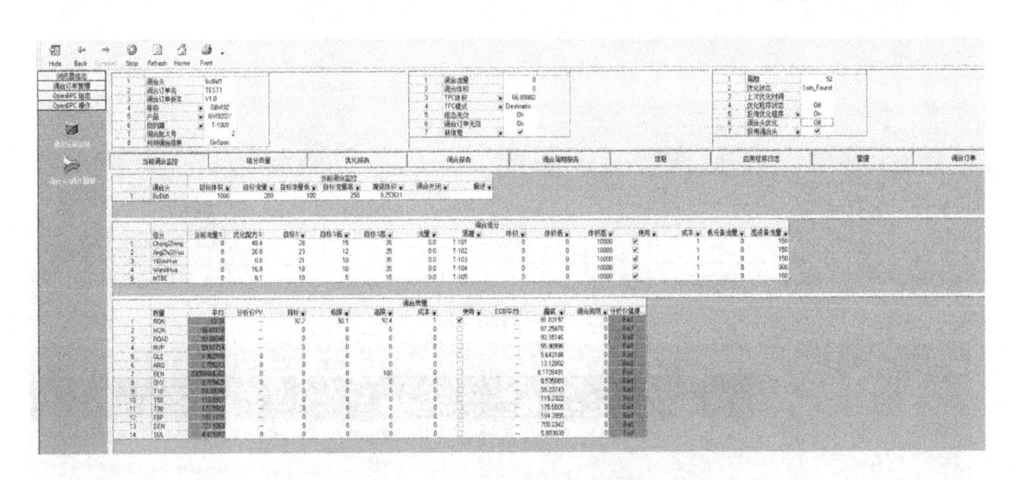

图 4-29　确认优化投用画面

（3）调合优化报告　调合优化报告（图 4-30）将会生成详细的制约因素、调整配比及预测结果。

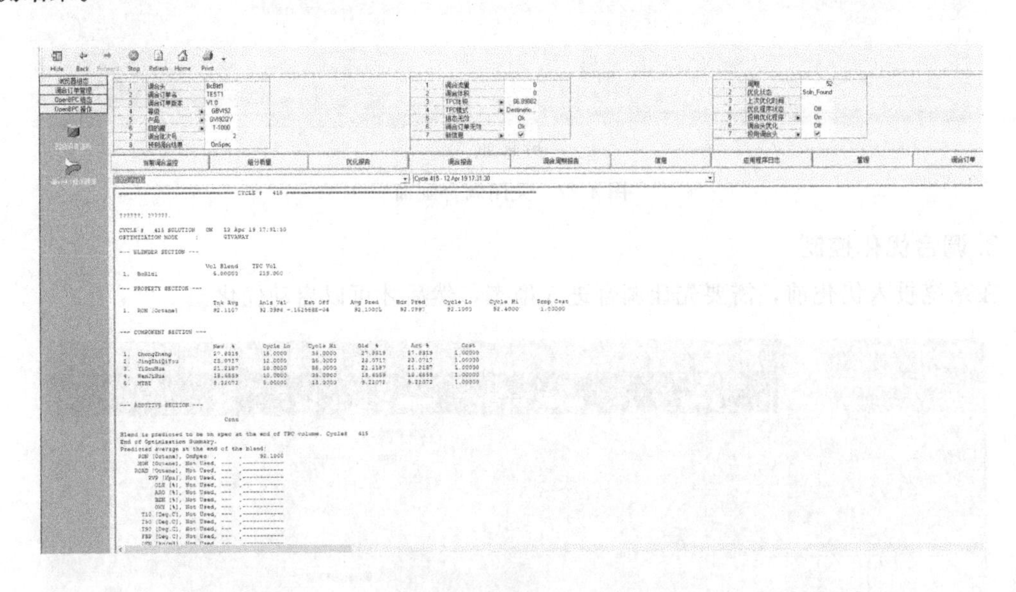

图 4-30　调合优化报告画面

（4）优化配方的使用　优化调合会将新的优化配方下载到当前配方并使用。优化配方使用画面如图 4-31 所示。

（5）监控优化的执行　在调合“流量控制画面”中检查当前比例是否与优化比例一致，

检查流量配比是否与优化比例一致，检查“预测调合结果”“优化状态”“调合模式”。监控优化的执行画面如图 4-32 所示。

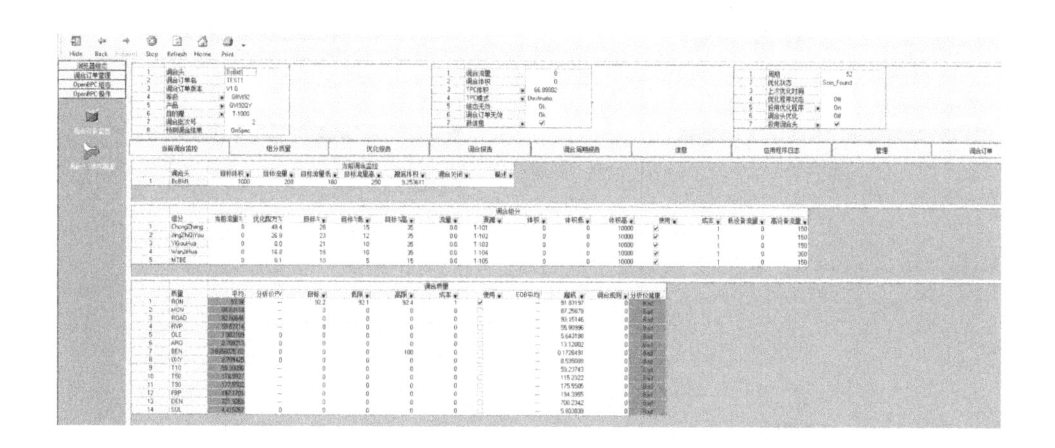

图 4-31　优化配方使用画面

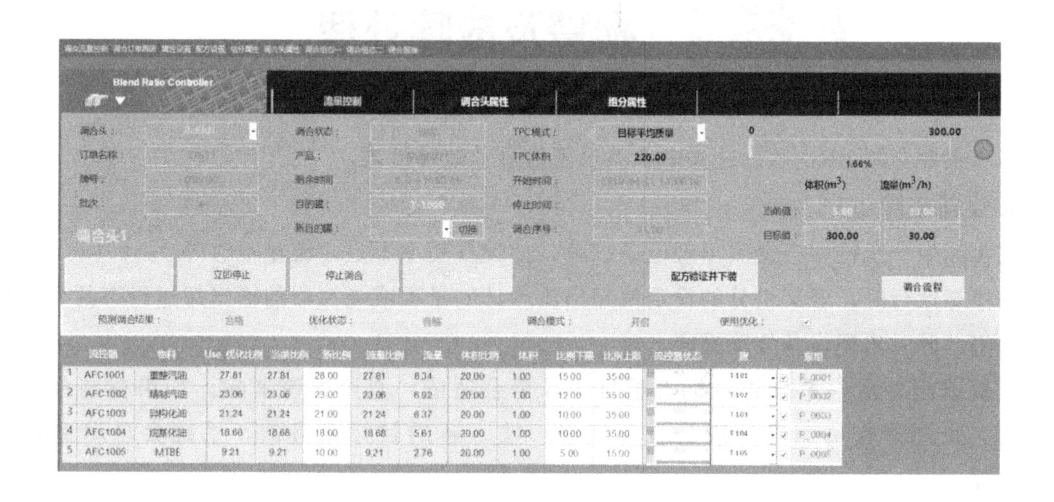

图 4-32　监控优化的执行画面

第五节　报　表

调合完成后系统会自动生成报表供查阅。

选择“调合报表”画面［图 4-33(a)］，在 ID 下拉框中选择生成的报表，然后点击“VIEW REPORT”，显示具体报表内容［图 4-33(b)］。

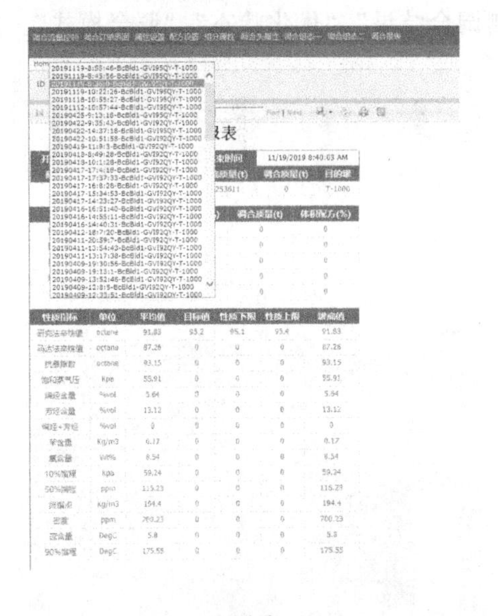

(a) 画面(一)

调合报表

ID 20191119-8:36:0-BcBld1-GVI95QY-T-1000

开始时间	11/19/2019 8:36:00 AM		结束时间	11/19/2019 8:40:03 AM	
配方ID	调合序号	牌号	罐底质量(t)	调合质量(t)	目的罐
95qy	1469	GBVI95	9.253611	0	T-1000

组分	组分罐	初始配方(%)	调合质量(t)	体积配方(%)
重整汽油	T-101	50	0	0
精制汽油	T-102	0	0	0
异构化油	T-103	0	0	0
烷基化油	T-104	35	0	0
MTBE	T-105	15	0	0

性质指标	单位	平均值	目标值	性质下限	性质上限	罐底值
研究法辛烷值	octane	91.83	95.2	95.1	95.4	91.83
马达法辛烷值	octane	87.26	0	0	0	87.26
抗爆指数	octane	93.15	0	0	0	93.15
饱和蒸气压	Kpa	55.91	0	0	0	55.91
烯烃含量	%vol	5.64	0	0	0	5.64
芳烃含量	%vol	13.12	0	0	0	13.12
烯烃+芳烃	%vol	0	0	0	0	0
苯含量	Kg/m3	0.17	0	0	0	0.17
氧含量	Wt%	8.54	0	0	0	8.54
10%馏程	Kpa	59.24	0	0	0	59.24
50%馏程	ppm	115.23	0	0	0	115.23
终馏点	Kg/m3	194.4	0	0	0	194.4
密度	ppm	700.23	0	0	0	700.23
硫含量	DegC	5.8	0	0	0	5.8
90%馏程	DegC	175.55	0	0	0	175.55

(b) 画面(二)

图 4-33　报表画面

第六节　报警及故障处理

本节主要介绍 BRC 运行过程中各类报警信息及故障处理。

1. 设备故障

在实际生产运行中会突然出现设备故障，如设备功率不足，流量不够等。

在稳态运行时，若某组分的设定值超出流量计的量程或流控器的输出超过组态的允许输出最大值，此时出现设备故障报警。

出现该报警后，系统将目标流量自动降至合适值，直至报警消除。如果在调合稳态进行时，此时操作员需确认现场设备完好，输入新的目标流量值，系统会自动追踪至目标流量。

如图 4-34 所示，MTBE 组分由配方要求的 $3m^3/h$，降到 $2m^3/h$，触发设备故障报警。

设备故障消除后，重新将目标流量人工设定为 $30m^3/h$，系统会自动爬坡（图 4-35）。

2. 画面报警提示

在调合监控画面输入新配方或质量目标值时，如果超过高限或低于低限时，会弹出报警提示，并将配方和变红色提醒（图 4-36）。

3. OPC 连续故障

OpenBPC 运行过程中，若 OPC 连接错误，则位号 OPC 报警。如图 4-37 中右上角方框内的红色球会闪烁。

出现该报警后，应检查 OPC 服务器网络连接是否正常。

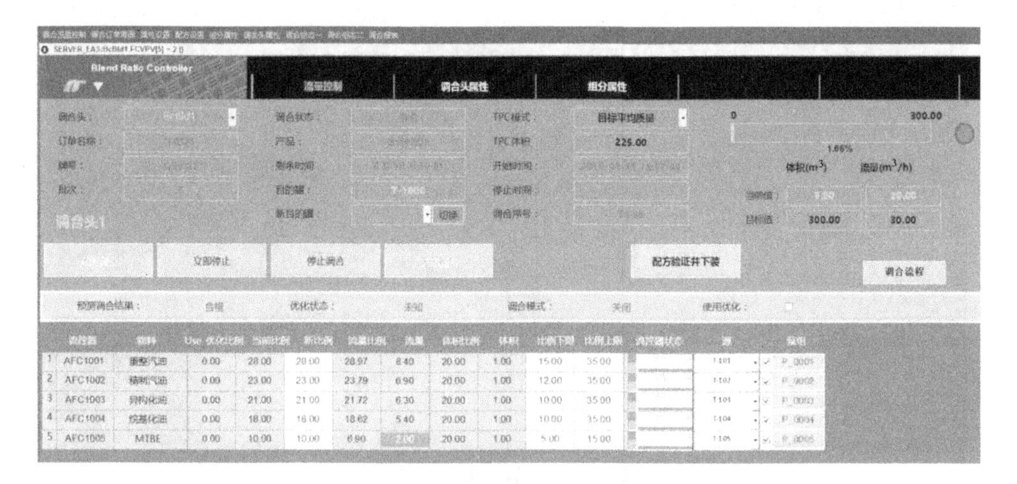

(a) 画面(一)

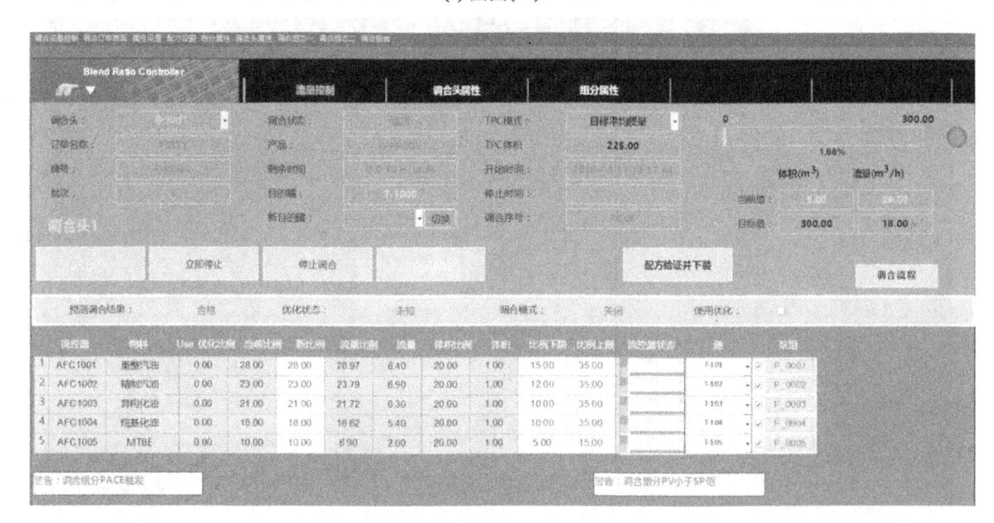

(b) 画面(二)

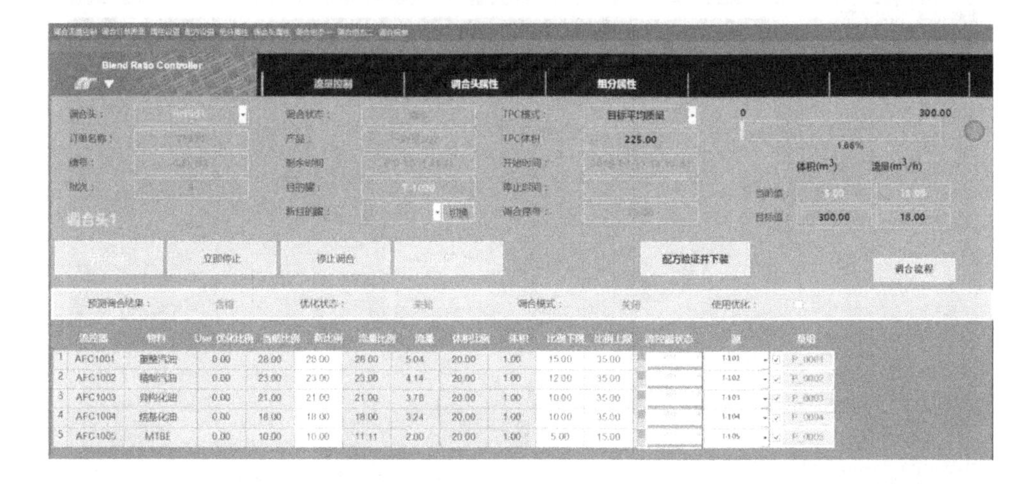

(c) 画面(三)

图 4-34　报警画面

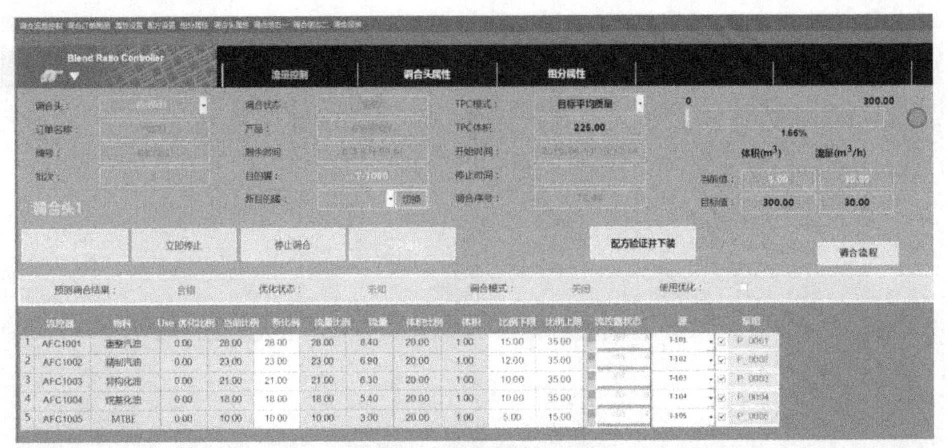

图 4-35　报警后恢复画面

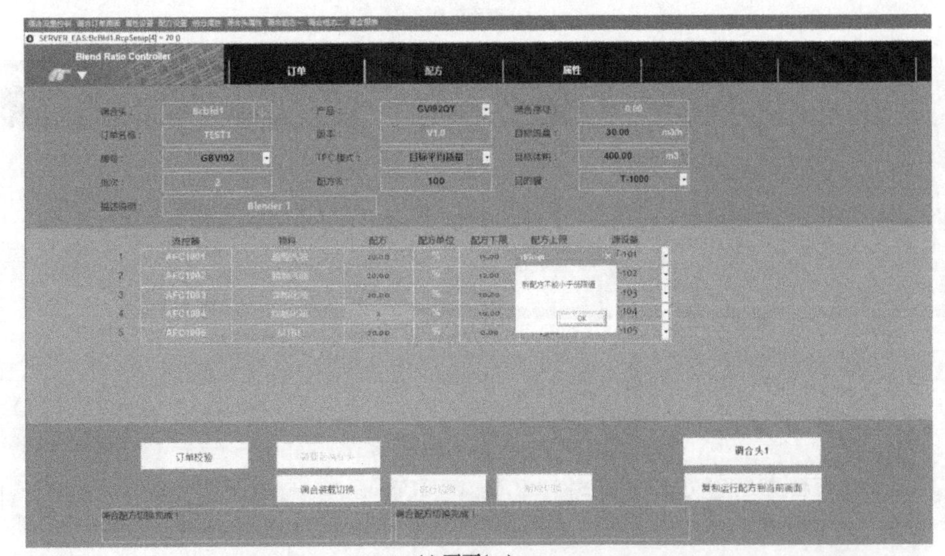

(a) 画面(一)

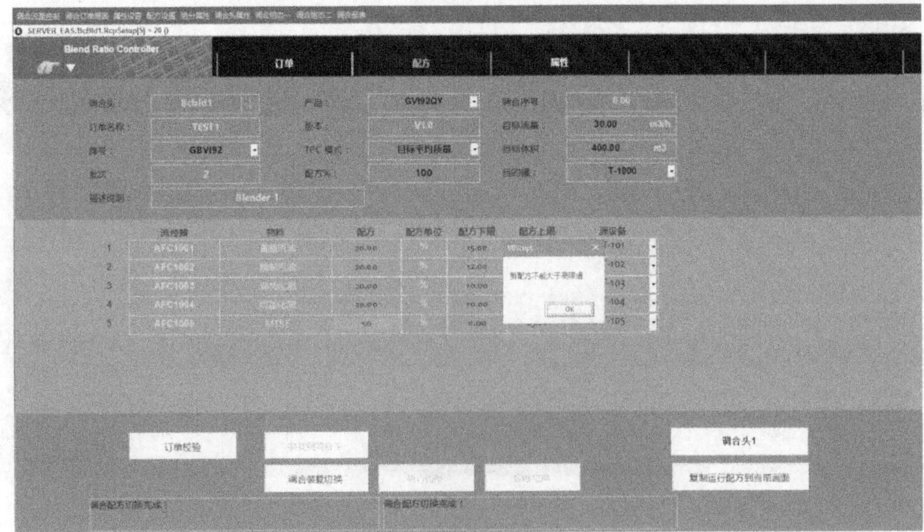

(b) 画面(二)

图 4-36　画面报警提示

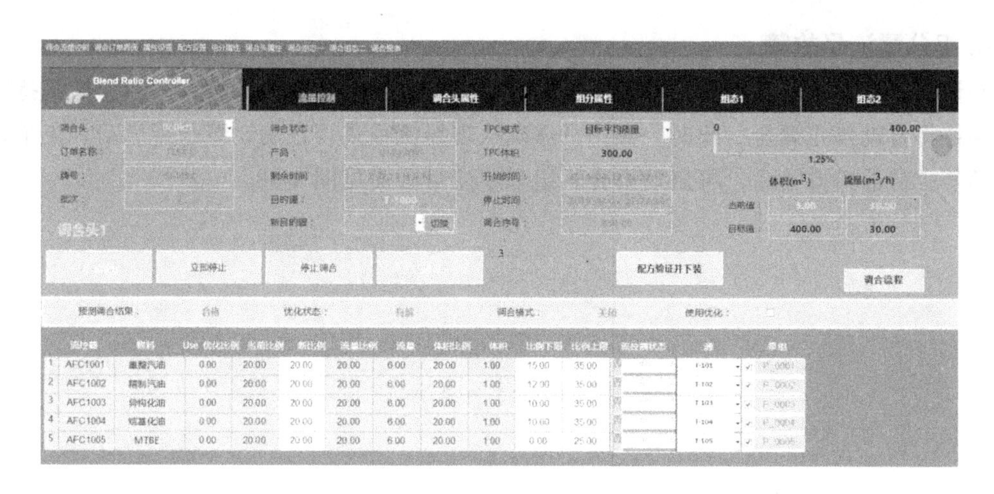

图 4-37 连续故障报警画面

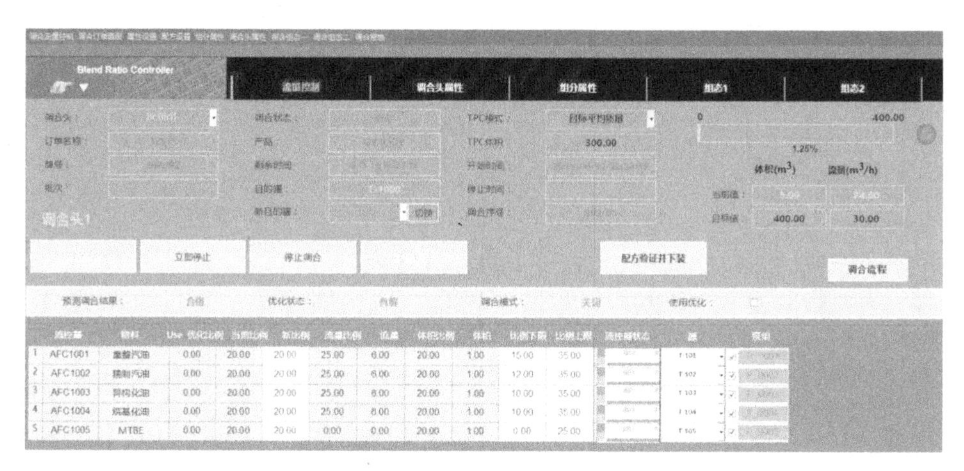

(a) 画面(一)

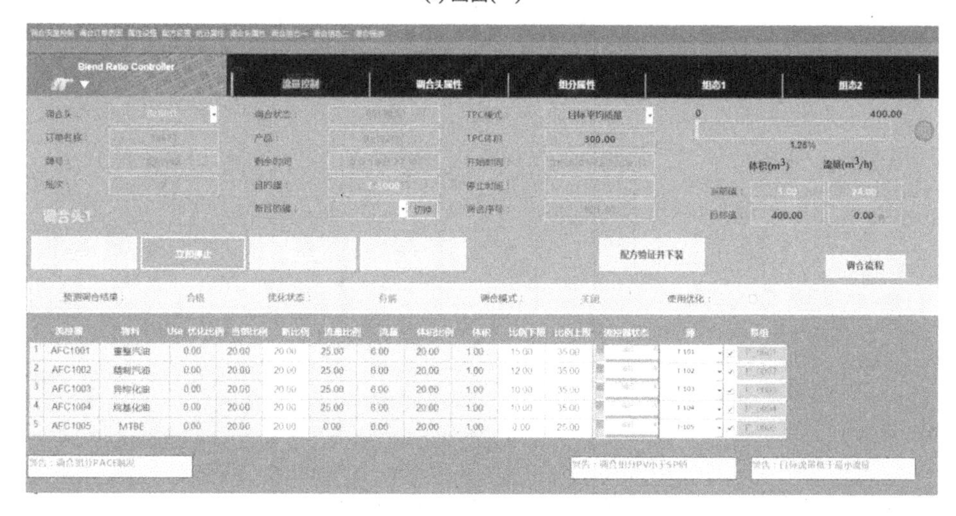

(b) 画面(二)

图 4-38 组分零流量画面

4. 组分零流量故障

在调合启动时，若某组分故障，流量一直无法提升至组分零流量值，则在初始保持阶段后，系统将自动停止调合。此时，操作员需确认现场流程是否正确，泵是否启动，流量计是否故障等。待故障排除后，再启动调合。组分零流量画面见图 4-38。

第五章 油品的指标计算

涉及油品质量指标的项目有几十个，但在实际生产中常见的需要调合的油品质量项目主要是辛烷值、蒸气压、十六烷值、黏度、闪点、凝点和馏程等。在油品质量指标项目中，有些项目在调合过程中是呈加成关系的称为可加性参数。如：胶质、残炭、酸值、硫含量、灰分、馏程（初馏点、终馏点除外）、密度等。有些项目不呈加成关系称为不可加性参数。如：黏度、闪点、辛烷值、十六烷值、初馏点、终馏点（干点）、凝点、饱和蒸气压等。可加性参数计算较简单，不可加性参数计算较复杂。在实际生产中，计算是必要的，尤其对计算机控制的管道自动调合及油品最佳调合控制；但对于间歇罐式调合过程，若操作员要非常熟练油品调合工作，经验也是非常重要的。

第一节 加和性性质指标的调合计算

酸度、碘值、残炭、灰分、馏程、硫含量、胶质、相对密度等为可加性质量指标。在计算此类性质的调合比时，计算简单，可按下式计算。

$$V_A=\frac{X-X_B}{X_B-X_A}\times 100\%$$

$$V_B=100\%-V_A$$

式中 V_A——混合油中A种油的体积含量，%；

X——混合油的有关规格指标数值；

X_A——A种油的有关规格指标数值；

X_B——B种油的有关规格指标数值；

V_B——混合油中B种油的体积含量，%。

【例5-1】 有一批车用汽油A，其10%馏出温度为85℃，超过标准规定的79℃。现在用一批10%馏出温度为68℃的汽油B来调整。经测定汽油A在79℃的馏出量为7%，而汽油B在79℃的馏出量为26%，求调合比。

解：调合后油品79℃的馏出量应为10%。

根据公式得

$$V_A=\frac{10-26}{7-26}\times 100\%=84.2\%$$

即调合时汽油A的用量应为84.2%。实际调合时应使汽油A的用量稍小于84.2%，以保证调合后汽油的10%馏出温度略低于79℃。

第二节 汽油调合指标计算

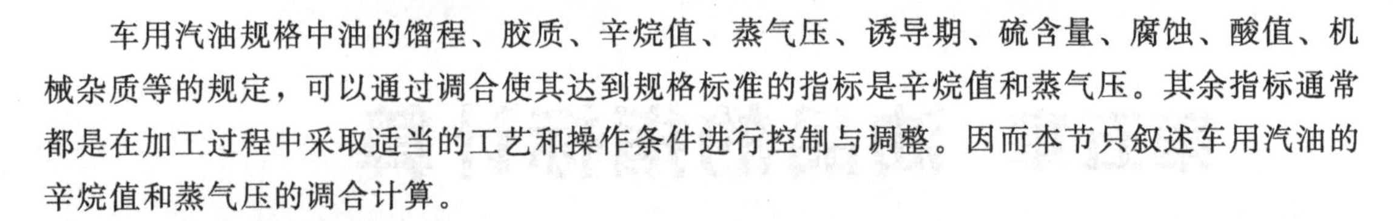

车用汽油规格中油的馏程、胶质、辛烷值、蒸气压、诱导期、硫含量、腐蚀、酸值、机械杂质等的规定，可以通过调合使其达到规格标准的指标是辛烷值和蒸气压。其余指标通常都是在加工过程中采取适当的工艺和操作条件进行控制与调整。因而本节只叙述车用汽油的辛烷值和蒸气压的调合计算。

一、辛烷值调合计算

辛烷值在调合时无固定的通用计算公式。文献所介绍的调合汽油辛烷值估算法为数甚多，这些方法大致分为两类：一类是以经验数据为基础，用统计方法找出规律进行估算；另一类是以烃类组成及性质（相对密度、馏出温度等）与调合辛烷值相关联进行估算。下面介绍几种常用的估算方法。

1. 斯图尔特法

此法是以调合组分的辛烷值及不饱和烃含量为基点，应用表 5-1 数据以及下式来计算调合汽油的辛烷值 RON 或 MON。

$$\mathrm{RON}=\frac{\sum V_i D_i (R_i+0.13P_i)}{\sum V_i D_i}$$

$$\mathrm{MON}=\frac{\sum V_i D_i (M_i+0.097P_i)}{\sum V_i D_i}$$

式中 V_i——i 调合组分的体积分数，%；

R_i——i 调合组分的研究法辛烷值（RON）；

P_i——i 调合组分与调合汽油的不饱和烃含量差（体积分数），%；

D_i——据 P_i 查表 5-1 查得权重指数；

M_i——i 调合组分的马达法辛烷值（MON）。

表 5-1 P_i 与权重指数 D_i 的关系

P_i	D_i		P_i	D_i	
	RON	MON		RON	MON
−100	0.454	0.314	10	1.072	1.103
−90	0.494	0.358	20	1.148	1.213
−80	0.539	0.406	30	1.227	1.329
−70	0.585	0.454	40	1.309	1.451
−60	0.635	0.581	50	1.395	1.580
−50	0.688	0.583	60	1.483	1.715
−40	0.744	0.653	70	1.575	1.855
−30	0.803	0.731	80	1.670	2.001
−20	0.865	0.814	90	1.768	2.152
−10	0.931	0.904	100	1.868	2.308
0	1.000	1.000			

【例 5-2】 根据表 5-2 所列的基础组分，计算调合汽油的 RON。

表 5-2 调合汽油的基础组分

调合组分	辛烷值(RON)	族组成(体积分数)/%			调合体积分数/%
		饱和烃	芳烃	不饱和烃	
重整汽油	89.2	53.8	45.5	0.7	62
催化裂化汽油	93.7	39.2	18.6	42.2	30
直流汽油	69.1	96.1	3.9	0	8

解：(1) 求出调合汽油的不饱和烃含量（体积分数）

$$\text{不饱和烃含量}=\frac{62\times0.7+30\times42.2+8\times0}{62+30+8}=13.1\%$$

(2) 计算各组分的 P_i

重整汽油的 $P_i=0.7-13.1=-12.4$

催化裂化汽油的 $P_i=42.2-13.1=29.1$

直馏汽油的 $P_i=0-13.1=-13.1$

(3) 由上述 P_i 从表 5-1 中查出各自的 D_i，并计算出 V_iD_i

重整汽油的 $V_iD_i=0.915\times62=56.7$

催化裂化汽油的 $V_iD_i=1.220\times30=36.6$

直馏汽油的 $V_iD_i=0.910\times8=7.3$

(4) 计算 $R_i+0.13P_i$

重整汽油的 $R_i+0.13P_i=89.2-0.13\times12.4=87.6$

催化裂化汽油的 $R_i+0.13P_i=93.7-0.13\times29.1=97.5$

直馏汽油的 $R_i+0.13P_i=69.1-0.13\times13.1=67.4$

(5) 代入公式求得 RON

$$R=\frac{56.7\times87.6+36.6\times97.5+7.3\times67.4}{56.7+36.6+7.3}=89.9$$

经比较，应用这种方法计算的值与实测值偏差均小于 1 个单位，说明这种方法是比较准确的。

2. 调合因数法

辛烷值也可以依如下公式计算。

$$N=\frac{V_aCN_a+V_bN_b}{100}$$

式中 N——混合汽油的辛烷值（MON 或 RON）；

V_a，V_b——两个基础汽油的体积，%；

N_a，N_b——两个基础汽油的辛烷值（MON 或 RON），但 N_a 高于 N_b；

C——调合因数（汽油固有的数值如图 5-1、表 5-3、表 5-4）。

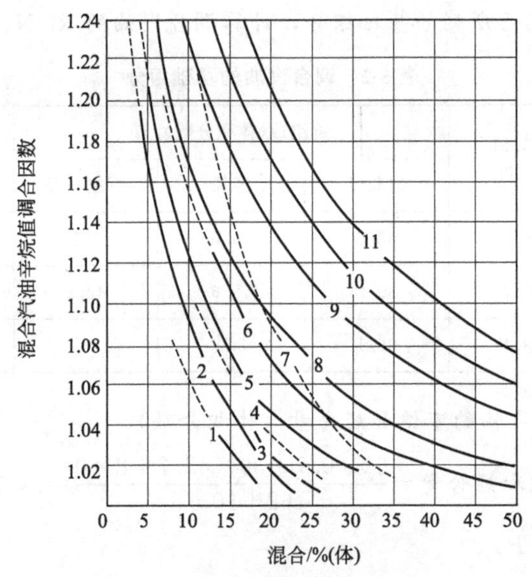

图 5-1　混合汽油辛烷值调合因数

表 5-3　高辛烷值组分混合汽油辛烷值

混合油	基础油	曲线号
烷基化油	催化裂化汽油	1
烷基化油	直馏汽油	2
叠合汽油	铂重整汽油	3
热裂化汽油	铂重整汽油	4
叠合汽油	催化、热裂化汽油	5
重整汽油	直馏汽油	6
叠合汽油	叠合汽油	7
热裂化汽油	热裂化汽油	8
催化、叠合汽油	热裂化汽油	9
催化裂化汽油	直馏汽油	10
热裂化汽油	直馏汽油	11

表 5-4　高辛烷值组分油调合因数（参数）

组分油名称	高辛烷值组分/%	调合因数（C）	组分油名称	高辛烷值组分/%	调合因数（C）
催化裂化汽油	15	1.23	焦化汽油	20	1.21
	30	1.12		40	1.10
	45	1.07		50	1.08
叠合汽油或热裂化汽油	10	1.18	非芳烃	5	1.18
	20	1.10		10	1.10
	40	1.02		20	1.02

【例 5-3】 计算40%的RON为77的热裂化汽油和60%的RON为57的直馏汽油的混合辛烷值。

解： 由图5-1可以查出热裂化汽油的混合系数C值为1.03，代入公式则为：

$$N=\frac{40\times1.03\times77+60\times57}{100}=65.9$$

即混合辛烷值RON为65.9。

3. 虚拟纯组分法

陈新志等借助于描述溶液混合过程中热力学性质变化的局部组成模型，将各种汽油组分视为虚拟的纯组分，采用下列简单形式来表达调合汽油研究法辛烷值与各虚拟纯组分的研究法辛烷值及组成的关系：

$$R_m=\sum_{i=1}^{5}X_i\frac{\sum_{j=1}^{5}X_jR_{i,j}Q_{i,j}}{\sum_{j=1}^{5}X_jQ_{i,j}}$$

式中 R_m——调合汽油辛烷值（研究法）；

X——组分质量分数；

R——研究法辛烷值；

Q——组分互相作用参数；

下角标i,j——组分。$R_{i,j}=(R_i+R_j)/2$、$Q_{i,j}\neq Q_{j,i}$和$Q_{i,j}=Q_{j,j}=1$。

对于二元体系，上述公式可以改写成下面公式：

$$R_m=X_1\frac{X_1R_1+X_2R_{1,2}Q_{1,2}}{X_1+Q_{1,2}X_2}+X_2\frac{X_1R_{2,1}Q_{2,1}+X_2R_2}{X_1Q_{2,1}+X_2}$$

其二元相互作用参数$Q_{i,j}$见表5-5，借助于这些二元相互作用参数，在不增加任何信息的情况下推算了多元调合汽油的辛烷值，获得了较理想的结果，具有较大的预测范围，在汽油调合优化过程中取得了满意的效果。

表5-5 辛烷值模型的二元组分相互作用参数$Q_{i,j}$和$Q_{j,i}$

j \ i	1-MTBE	2-重整汽油	3-催化裂化汽油	4-烷基化油	5-直馏汽油
1-MTBE	0	13.7629	6.9227	3.2662	1.4954
2-重整汽油	2.4836	0	0.4736	0.2316	0.9862
3-催化裂化汽油	1.4995	0.8986	0	0.9917	0.5987
4-烷基化油	2.2234	0.4019	0.8729	0	0.8464
5-直馏汽油	2.0709	0.9999	0.9483	0.9957	0

4. 汽油调合的相互作用法

杜邦（DUPONT）公司的研究人员开发了“汽油调合的相互作用法”，这种方法需要确定调合所涉及的各组分中任何可能的两种组分各为50%调合的性质，及调合组分中任何可能的两种组分各为50%调合的相互作用值。这些相互作用值以I-RON和I-MON表示，见

表 5-6。这些值再乘上对应组分在调合原料中的体积百分比。例如，对于直馏汽油和重整油，直馏汽油的体积分率为 0.157，重整油的体积分率为 0.285，I-RON 值为－2.1，所以该值为 0.157×0.285×(－2.1)＝－0.094。这些乘积的总和以代数方法相加后就得到相应的辛烷值（RON 或 MON）体积平均值。在所举的例子中，RON＝87.5－0.02≈87.5 和 MON＝79.9＋0.34≈80.2。

表 5-6　杜邦公司辛烷值调合方法

组分	直馏汽油	烷基化油	FCC汽油	重整油	n-C_4	调合			
RON	66.4	94.4	90.4	91.0	94.0				
MON	66.4	91.5	78.7	82.8	89.1				
RVP	9.1	8.9	4.8	6.2	52.0				
烯烃	0.0	0.0	30.3	0.0	0.0				
芳烃	5.0	0.0	32.8	41.0	0.0				
体积分率	0.157	0.129	0.397	0.285	0.032				
平均 RON	10.42	12.24	35.88	25.93	3.008	87.50			
平均 MON	10.42	11.80	31.24	23.59	2.851	79.9			
						I-RON	相互作用因子	I-MON	相互作用因子
	×			×		－2.1	－0.0940	3.3	0.1476
	×		×			4.6	0.2867	5.8	0.3615
	×	×				－3.4	－0.0689	0.4	0.0081
	×				×	0.0			
			×	×		－1.7	－0.1923	2.4	0.2715
		×		×		－1.1	－0.0404	－4.3	－0.158
				×	×	0.0			
		×				1.7	0.0871	－5.6	－0.286
			×		×	0.0			
		×			×	0.0			
互相作用因子							－0.0218		0.3439
调合汽油							87.5		80.2

注：“×”表示乘号。

5. 二次非线性调合模型

该模型是在交互模型的基础上提出了改进，构造了一个新的模型——二次非线性模型。二次非线性模型去掉了交互模型中的一次项，该模型可由下式表示。

$$a=\sum_{i}\sum_{j}x_i x_j a_{ij}$$

其中：

$$a_{ij}=\frac{1}{2}(a_i+a_j)[(1-k_{ij})+(k_{ij}-k_{ji})x_i^2]$$

式中 a_i 和 a_j 是调合组分的辛烷值，k_{ij} 为二元作用系数，它反映油品间的正负调合关系。

如果二元作用系数是对称的，即 $k_{ij}=k_{ji}$，则上式可以被简化为：

$$a_{ij}=\frac{1}{2}(a_i+a_j)(1-k_{ij})$$

改变二元作用系数的数值可使二次非线性模型适应任何一种调合行为。

预测调合汽油的辛烷值是使用对称的二元调合系数 $k_{ij}=k_{ji}$ 还是用非对称的 $k_{ij}\neq k_{ji}$，需要根据实际情况和经验来确定。对于某些调合过程，为精确描述其调合特性需要使用非对称的二元调合系数。而实际的多元调合系统，由于各调合组分都由很多种类的烃组成，它们之间复杂的相互作用的积累使得我们用对称的二元调合系数即可达到满意的效果。

调合组分的标准实验室分析通常包括 RON、MON、烯烃含量、芳烃含量和饱和烃的含量。烯烃、芳烃和饱和烃可以被粗略地看成“成分”，汽油调合组分可以看成是由这些“成分”混合而成的。当然还可以进一步细分，这样可以达到更高的精度。

由于得不到调合组分中各成分辛烷值的具体数值，可以假定各成分的辛烷值与组分的辛烷值相同。例如，如果调合组分汽油的 RON 值是 97.8，则它组分烯烃、芳烃和饱和烃的 RON 值也被认为是 97.8。这种假设是内在稳定的，因为这种油的 RON 值是由它的三种成分混合得到的，而这些成分间的二元调合系数被设定为 0。

经过这些假设处理后，一调合组分汽油内部的各成分之间的二元调合系数为零，而不同的调合组分间的调合系数为非零。例如，对于各有三种成分的调合组分汽油 A 和 B，A 和 A 内部的二元调合系数为零，而 A 中的成分（如芳烃）与 B 中的成分（如饱和烃）间的二元调合系数不为零。为简化处理，可进一步假设不同调合组分中的同类成分（如 A 中的芳烃与 B 中的芳烃）之间的调合系数为零。这样调合组分 A 和 B 的成分之间非零的二元调合系数只有三种：A 中的烯烃和 B 中的芳烃、A 中的烯烃和 B 中的饱和烃、A 中的芳烃和 B 中的饱和烃。

在以上假设的基础上，可以从这些成分之间的二元调合系数推算出调合组分间的总体二元调合系数。如果组分 X 中含 m 种成分，其体积分数分别为 x_1，x_2，…，x_m；组分 Y 中 m 种组分的体积分数分别为 y_1，y_2，…，y_m；则调合组分 X 和 Y 间的总体调合系数由下式确定。

$$K_{XY}=1-\frac{\sum_{i=1}^{m}\sum_{i=1}^{m}(x_iy_i+x_jy_j)\left[\frac{1}{2}(a_i+a_j)\right](1-k_{ij})}{\sum_{j=1}^{m}\sum_{j=1}^{m}(x_iy_i+x_jy_j)\left[\frac{1}{2}(a_i+a_j)\right](1-k_{ij})}$$

式中 k_{ij} 为组分汽油 X 中成分 i 和组分汽油 Y 中成分 j 的二元调合系数。

得到调合组分间的二元调合系数后，计算调合汽油的辛烷值能被大大简化，如下式：

$$a=\sum_i\sum_j x_ix_ja_{ij}$$

$$a_{ij}=\frac{1}{2}(a_i+a_j)(1-k_{ij})$$

式中，x_i 和 a_i 分别是调合组分 i 的体积分数和辛烷值，k_{ij} 则是组分 i 和 j 间的二元调合系数。

为验证此模型的适用性，有人对 161 次调合试验的数据进行了分析，得到一组通用成分间的二元调合系数。二元调合系数见表 5-7，其中下标：O 为烯烃、A 为芳烃、S 为饱和烃。使用这些数据进行二次模型计算的值与实验值之间的平均偏差小于 0.5%。

表 5-7　二元调合系数

项目	k_{OA}	k_{OS}	k_{AS}
RON	0.0670	0.1021	0.0232
MON	0.0354	0.0800	0.0271

二、雷德蒸气压组分的调合及计算

1. 分子量法

分子量法按下式进行计算：

$$M_t(PVP)_t=\sum_{i=1}^{n}M_i(RVP)_i$$

式中　M_t——混合产品的总摩尔数，mol/h；

$(PVP)_t$——要求产品规格的蒸气压，kg/m^2；

M_i——混合组分的摩尔数，mol/h；

$(RVP)_i$——混合组分的蒸气压，kg/m^2。

【例 5-4】 试计算由表 5-8 组分组成的汽油，需要加入多少正丁烷（M_W＝58kg/kmol，RVP＝3.65kg/m^2），才能调合成蒸气压为 0.7kg/m^2 的汽油。调合蒸气压的基础汽油组成及数量如表 5-8 所示。

表 5-8　调合蒸气压的基础汽油组成及数量

基础组分	流量/(kg/h)	平均分子量	流量/(kmol/h)	RVP/(kg/m^2)
直馏汽油	39320	86	457.2	0.777
重整汽油	69900	115	607.8	0.196
烷基化汽油	30690	104	295	0.322
催化裂化汽油	87520	108	810.4	0.308
总和	227430		2170.4	

将表中有关数据代入公式，则为：

$$(2170.4+M)\times 0.7$$
$$=457.2\times 0.777+607.8\times 0.196+295\times 0.322+810.4\times 0.308+M\times 3.65$$
$$=819+M\times 3.65$$

$M\approx 237.4$（kmol/h），该值即为所需正丁烷的摩尔流量。

因此需正丁烷 237.4kmol/h×58kg/kmol＝13769.2kg/h。

即将表中所列基础汽油调成蒸气压为 0.7kg/m^2 的汽油时，需正丁烷的量为 13769.2kg/h，则调合后蒸气压为 0.7kg/m^2 的汽油量为 227430kg/h＋13769.2kg/h≈241200kg/h。

本法需要事先知道每个基础组分的平均分子量，虽然平均分子量可由馏分的密度、沸点和特性因数推算出来，但是也不是很方便。

2. 雪夫隆法

雪夫隆法是被广泛采用的简便的经验方法，即把各调合组分蒸气压 RVP 的 1.25 次幂和其体积分数之积相加起来，由下式确定：

$$RVP^{1.25}=\sum_{i=1}^{n} RVP_i^{1.25} V_i$$

式中　RVP——调合料的雷德蒸气压；

RVP_i——组分的雷德蒸气压；

V_i——组分的体积分数。

很明显，使用这种方法的前提是假设所有组分表现出类似的行为，而不管其组成的不同。例 5-5 所表示的就是以简单汽油调合为例子得到的结果。

【例 5-5】 已知调合汽油组分的雷德蒸气压及体积分数数据如表 5-9 所示，试计算调合油的蒸气压。

表 5-9　某调合汽油组分雷德蒸气压及体积分数

组分	直馏汽油	烷基化油	FCC 汽油	重整油	n-C_4
$RVP/(lbf/in^2)$	9.1	8.9	4.8	6.2	52
体积分数	0.157	0.129	0.397	0.285	0.032

注：$1lbf/in^2=6.895kPa$。

解： $RVP^{1.25}=9.1^{1.25}\times0.157+8.9^{1.25}\times0.129+4.8^{1.25}\times0.397+6.2^{1.25}\times0.285+52^{1.25}\times0.032$

$=14.54(lbf/in^2)$

$\approx100.25\ (kPa)$

所以调合油的 $RVP=39.89kPa$。

3. 相互作用法

杜邦公司开发的相互作用法也许更准确一些。表 5-10 所表示的就是这种方法的计算值。计算时用相互作用因子乘以该因子所代表的这两种组分的体积分数。这些相互作用项的总和与各调合组分体积平均 RVP 相加就得到调合料的 RVP（例如：7.9+0.33=8.2）。

表 5-10　杜邦公司 *RVP* 调合方法

组分	直馏汽油	烷基化油	FCC 汽油	重整油	n-C_4	调合	
RVP	9.1	8.9	4.8	6.2	52		
体积分率	0.157	0.129	0.397	0.285	0.032		
平均 RVP	1.43	1.15	1.91	1.77	1.66	7.9	
						I-RVP	相互作用因子
	×			×		1.0	0.0447
	×		×			0.0	0.0000
	×	×				0.6	0.0122
	×				×	−1.2	−0.0050
			×	×		0.2	0.0226
		×		×		0.0	0.0000
				×	×	14.4	0.1313
		×	×			0.2	0.1102

续表

组分	直馏汽油	烷基化油	FCC 汽油	重整油	n-C_4	调合	
			×		×	7.0	0.0889
		×			×	6.2	0.0256
相互作用							0.3307
调合油							8.2

注："×"表示乘号。

三、闪点的计算

1. 调合指数计算法

混合油的闪点可按下式估算，闪点的调合指数和调合计算适用于开口杯或闭口杯法的各种闪点测定装置测得的数据。但必须用同样装置测定的数据来计算同样开闭口闪点的数值。

$$I_{混}=\sum I_i V_i$$

式中 $I_{混}$——混合油的闪点指数；

I_i——i 混合组分的闪点指数；

V_i——i 混合组分的体积分数，%。

闪点指数可通过油品的闪点指数的关系式表示：

$$\lg I=-6.1188+\frac{4345.2}{T+383}$$

式中 I——油品的闪点指数；

T——油品的闪点，℉。

【例 5-6】 已知油品各组分的闪点及体积分数、调合指数见表 5-11，求混合后的闪点。

表 5-11　某油品各组分的闪点及体积分数、调合指数

组分	体积分数/%	闪点/℉	调合指数
A	30	100	754.2
B	10	90	1168.6
C	60	130	224.6

注：$C=(F-32)\times\frac{5}{9}$，$C$ 为摄氏温度，F 为华氏温度。

解： 将闪点代入公式计算调合指数得

$$\lg I_A=-6.1188+\frac{4345.2}{T+383}=-6.1188+\frac{4345.2}{100+383}=2.8775$$

所以 $I_A=754.2$

同理 $I_B=1168.6$，$I_C=224.6$，见表 5-11 中调合指数项。

$$I_{混}=\sum I_i V_i=754.2\times0.30+1168.6\times0.10+224.6\times0.60=477.88$$

$$\lg 477.88=-6.1188+\frac{4345.2}{T+383}=2.6793$$

解得：$T=110.9$℉

2. 线图查定法

根据蒸气压导出的理论相关闪点公式作成线图，如图 5-2 所示，最适于轻质油闪点的查定。例如查定由闪点为 24.4℃的油 30％（mol）和闪点为 48.9℃的油 70％（mol）混合而成的油的闪点时，由图 5-2 左侧 0％线的 24.4℃点和图 5-2 右侧 100％线的 48.9℃点连接成直线，则由此线与 30％（mol）线相交的点沿闪点温度线平行引向左侧竖线，则与之相交点的为 28.9℃，即推定为该混合油的闪点。开口杯法闪点或闭口杯法闪点均可使用，但每次查定必须用相同方法得到的两个闪点。

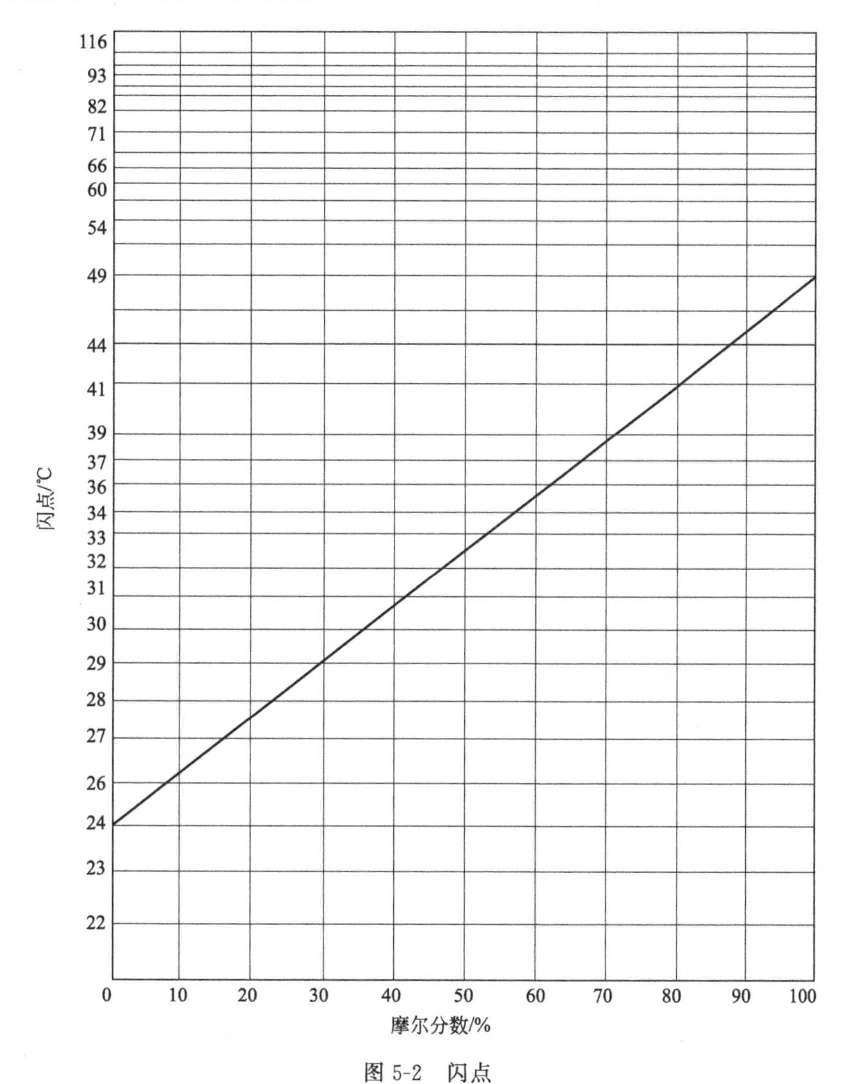

图 5-2　闪点

第六章 实训室调合设备及其参数

一、系统简介

汽油调合作为炼油厂生产成品汽油的最后一个环节，也是由生产向销售转换的关键环节，在企业的经济效益中占有非常重要的地位，同时调合方式也决定了汽油的质量和生产成本。

该仿真系统以企业实际的成品油调合工艺为依据，采用合理的按比例缩小的工艺流程硬件装置，配以先进的在线调合软件系统（为人机操作界面），利用在线调合软件的工艺算法技术、数据库技术和网络通讯技术，实现软件和硬件装置的人机交互，构建高度仿真的实训环境。

该仿真系统内部以水为介质进行模拟生产操作，生产技术参数由软件计算得出。系统采用实际工业生产数据、操作步骤、事故处理方案等，再现真实成品油在线调和工厂现场操作和中控操作的环境，实现学员的认知学习与动手操作的综合实训，满足学校多专业、多任务的教学培训需要。

二、装置特点

① 模拟真实生产的操作环境，所有装置均能正常运转，装置介质为水。

② 能够实现内外操的配合，控制仿真工艺生产顺利进行。

③ 充分考虑“安全”因素，不对实训者造成任何人身伤害。

④ 充分考虑“环保”因素，仿真工厂能够低能耗、无污染运行。

⑤ 中控系统（DCS）能够模拟真实中控的操作功能、界面及操作习惯。

⑥ 生产工艺参数变化与真实生产装置的变化趋势、节奏保持一致。

⑦ 学生能够深刻理解工厂的运行过程和工艺机理，处理各种突发事故。

三、教学点

成品油在线调和仿真系统包括以下教学点：

① 产品认知。

② 工艺流程认知。

③ 调合机理学习。

④ 物料物性参数认知、学习。

⑤ 自动控制方案学习。

⑥ 开车实操。

⑦ 实操非正常工况的处理，尤其是在事故紧急状态时的安全演练。

⑧ 调合比例控制故障演练。

汽油调合过程中，调合比例控制（BRC）会监视和控制整个调合过程，自动控制相关阀门，并能够对调合过程中出现的设备异常情况做出及时响应：根据组态，当出现异常情况时，可由BRC自动采取相应动作，或者提供报警、提示信息，由操作工根据现场情况采取相应措施，从而大大提高了汽油调合的自动化水平。

针对学校学生的学习和练习，本项目也会制定如下故障，通过学生主动判断及相应操作，进行故障排除，恢复正常生产。

(1) 调合设置-配方画面下载订单按钮不可用时应做如下排除

① 调合状态是否处于调合停止状态；

② 检查是否已经检验配方，只有检验成功才能下载。

(2) 调合无法通过配方检验时应做如下排除

① 各组分配方之和是否在规定的范围内（100%±偏差值）；

② 各组分配方是否在其指定的上、下范围之内；

③ 目标体积是否在目标罐的可用体积范围之内；

④ 各组分流量设定值是否在调节阀的控制范围内；

⑤ 各组分流量设定值是否超过相应泵的能力限制；

⑥ 成品油性质的目标值是否在其指定的上、下限范围之内。

(3) 调合启动后无法进入稳态控制时应做如下排除

① 检查所有参与调合的流量控制器控制流量是否稳定；

② 检查所有参与调合的流量控制器的PV是否回讯正确；

③ 检查所有参与调合的流量控制器的SP是否正确；

④ 检查所有参与调合的流量控制器的SP是否超过泵的能力范围；

⑤ 流量总和要求达到目标总量的偏差范围内，且控制稳定。

(4) 调合无法正常停止　这种状况一般是由于调合泵无法全部停止造成的：

① 检查所有参与调合的泵是否都停止；

② 检查所有参与调合的流控器是否关闭，流量是否为0。

四、在线调合系统主要构成

在线调合系统主要由硬件设备、通信系统和软件构成，具体的内容见表6-1。

表6-1　在线调合系统主要构成

序号	名称	备注
1	硬件设备	硬件设备包括原料储罐、成品油储罐、添加剂加料罐、操作平台、各种管道泵、各种阀门、温度计、液位计、流量计、静态混合器、管道、线缆、在线分析仪等设备
2	通信系统	通信系统包括阀门仪表改造、DCS系统(支持OPC 2.0)、PLC模块、机柜等
3	软件	成品油在线调合仿真系统软件,实现调合比例控制(BRC)、调合优化控制(PBO)和调合指令管理(BI)

五、调合组分

（1）组分油　共有5种组分油参与调合：精制汽油、重整汽油、烷基化油、MTBE（甲基叔丁基醚）和异构化油。每种组分油的产量，如表6-2所示。

表6-2　组分油名称

组分名称	产量/(万吨/年)	组分名称	产量/(万吨/年)
精制汽油	50	MTBE	4
重整汽油	30	异构化油	30
烷基化油	15		

（2）成品油数据　成品油需要控制的质量指标、牌号及年产量见表6-3、表6-4。

表6-3　需要控制的质量指标

序号	质量指标名称	序号	质量指标名称
1	研究法辛烷值	7	苯含量
2	马达法辛烷值	8	氧含量
3	抗爆指数	9	终馏点
4	饱和蒸气压	10	硫含量
5	烯烃含量	11	密度
6	芳烃含量		

表6-4　调合的成品汽油牌号及年产量

国家标准	汽油牌号	计划产量/(万吨/年)
国Ⅵ	92# 汽油	40
	95# 汽油	60

（3）储罐配置　储罐的容积配置见表6-5。

表6-5　储罐的容积配置

组分名称	最大容积/m^3	组分名称	最大容积/m^3
精制汽油	300	MTBE	60
重整汽油	300	异构化油	300
烷基化油	200	成品油	500

六、在线调合工艺流程说明（汽油）

假设仿真工厂的汽油年产量为129万吨，其中92#国Ⅵ汽油为40万吨/年，95#国Ⅵ汽油为60万吨/年。

设计1个调合头，即92#汽油和95#汽油共用一个调合头，这两种牌号的汽油轮流生产，不能同时生产。采用间歇式调合的方式，其工艺方块流程示意图如图6-1所示。

汽油在线调合系统中参与调合的组分油包括：精制汽油、重整汽油、烷基化油、异构化

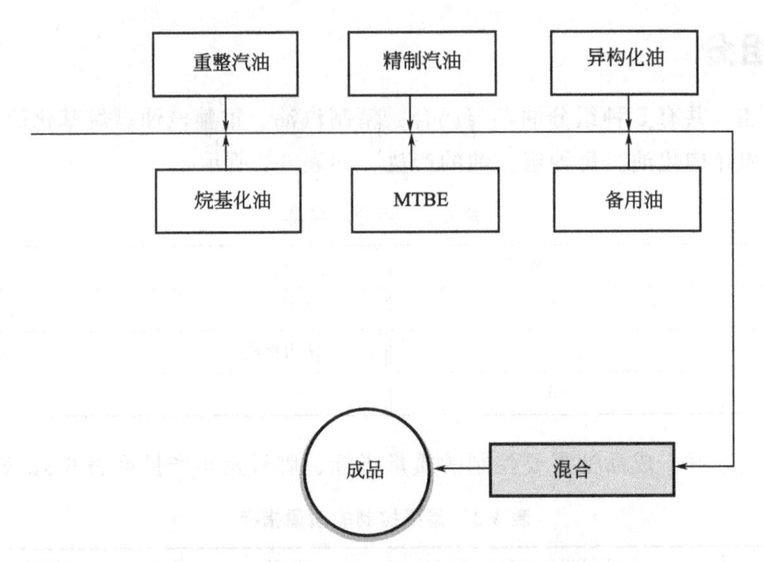

图 6-1　工艺方块流程示意图

油、MTBE。

所有的组分油都有组分储罐。调合时，经泵泵出，流向各自的调合线。在组分的调合线上，需要安装流量计和控制阀用以控制流量。

调合总管线上设置了在线静态混合器，用于完全混合调合产品。

调合总管线上可根据需要设置压力控制阀和总管流量计。压力控制阀用于保持调合头的压力，在稳定流量方面非常重要；调合头的流量计用于测量总流量，流量计是必需的。

七、汽油在线调合软件功能说明

以下所列功能是油品在线调合系统的最低功能要求，卖方应在技术标文件中详细叙述所提供的解决方案的最低功能。

1. 油品在线调合优化

① 系统须包括：在线调合优化软件模块（在线动态计算优化调合配方）、在线调合比例控制软件模块（通过 DCS 平台对调合配方实施）。

② 系统须包括适用于买方的非线性汽油调合规则机理模型，用于指导调合优化控制。

③ 优化软件须具备非线性优化求解器。

④ 系统应能与罐区物料移动自动化系统无缝集成。

⑤ 系统不受 DCS 平台限制，可广泛应用于国内外主流的 DCS 系统。

⑥ 系统应能集成汽油调合加剂系统（包括：抗爆剂、抗氧化剂、抗静电剂等）。在线调合优化系统通过 DCS 系统取得加剂系统的数据，根据添加剂剂量要求，对加剂系统的加剂量设定值进行计算，并将设定值通过 DCS 下达到加剂系统，加剂系统启动自身控制系统按该设定值实施自动加剂控制。

⑦ 软件系统必须运行于 Windows 平台，有自己独立的数据库。必须支持与罐区流程图的交互作用，在罐区流程图中能够显示储罐的移动和报警信息。

⑧ 系统应支持中文操作界面。

⑨ 应具备系统热恢复功能。即系统会实时自动记录并保存调合状态和有关设备状态，当系统发生故障并恢复后，热恢复功能能自动恢复到故障前的状态，并继续执行有关任务，保证系统的安全性。

⑩ 系统应对调合过程中发生的异常中断，切换泵，切换罐，上游来量波动等有妥善的应对措施，以保证安全生产。

⑪ 系统应具备与买方 MES 系统（制造执行系统）进行实时数据及关系数据通信的能力。系统须提供 OPC Server 功能或同等功能的通信接口。

⑫ 系统故障时，可以平稳安全地切换到 DCS 控制。

⑬ 在线调合系统的优化软件必须具备多变量非线性优化功能，可根据调合组分油回路在线分析仪实时测量数据、产品要求、相关流量等数据，实时计算出最优化的调合配方；调合配方在线优化的周期可配置。

⑭ 系统应提供基于调合头在线质量分析仪反馈的质量闭环控制功能，该闭环反馈控制应有效地解决分析仪测量滞后问题。

⑮ 在线调合系统的优化软件必须具备优化目标优先级设定功能。

⑯ 在线调合比例控制软件模块既可以接受手动设置调合配方也可以自动接受在线优化配方，软件运行时可根据在线测量的产品性质指标对调合配方进行持续地优化调整。

⑰ 系统应具有在线切换调合批次的功能。即在不停泵、不停调合头的情况下，具备自动切换调合批次及批次量、自动切换调合规则、在线切换原料罐（组分罐）以及目标罐（成品油罐），达到连续调合并使成品油能分门别类地计量提高调合效率的目标。

⑱ 由于产品可能非专罐专用，因而优化软件应能够进行在线的罐底补偿，罐底补偿性能必须可以在线调整。

⑲ 系统应能实时预测调合结束时成品油罐的成品油质量。

⑳ 在线调合系统的优化软件必须具备调合模型自校正功能，可通过比较在线分析仪的测量值和线性/非线性调合规则的品质预估值周期性地校正模型。

㉑ 系统应具有对在线分析仪数据管理的功能，监视分析仪运行状态，能对分析仪结果进行分析校验，如超量程、死值和跃阶跳动。

㉒ 调合系统应具有较好的鲁棒性，在线分析仪出现故障时或数据不可信时仍有继续调合的能力，并提供包括使用模型预测控制在内的多种应对方案，确保一定时间内调合生产仍能正常进行。

㉓ 系统应可提供各种定制与非定制的报表。

2. 软件关键性能

在线调合软件的功能描述如表 6-6 所示。

表 6-6 在线调合软件功能描述

模块	条款明细	描述
比例调合控制	在线批次切换	调合比率控制支持在不停泵(本次调合所包含的泵)的条件下开启下一个调合批次的功能。如果下一个调合批次所用的泵及流量控制器与本次调合相同的话，这是一种无需停泵及流量控制器就能进入新调合批次的操作模式，同时也免去了流量的爬坡过程

续表

模块	条款明细	描述
比例调合控制	流量/比例同步处理	当某种组分的流量出现波动，不能满足调合要求时，调合比例软件能够自动或者由操作员手动来调节总管流量，以保证调合比例
	泵的选择和控制	泵在调合中的启动顺序以及泵相互之间的启动间隔都可以组态，泵在不同相位下启动有助于避免电网的过载 调合过程中，操作人员可根据生产需要或系统提示信息增加或停止一台泵，也可以在一台泵出现故障时在两台泵之间进行泵切换
	虚拟泵	为了允许多个泵可以被每个流量控制器使用，在比例调合过程中调合进料泵被分配给虚拟泵。当通过流量控制器确定物料流量启动或停止的时间时，比例调合软件会将启动或停止命令发给流量控制器所选择的虚拟泵，而不是直接发给个别的泵
	一股物料可以对应多个流控器	一股物料能够支持2个以上的流量控制器，而且这些流量控制器之间还可以按照要求的比例进行分配，而不是仅仅按照各50%平均分配
	组分和添加剂的延迟启动及提前停止	一种或更多的组分和添加剂在一个调合中可以被组态成延迟启动和/或提前停止
	调合头压力控制	调合头可以配置压力控制器，这个控制器被用于稳定调合头的压力，从而稳定对组分流量的控制。须支持在不同的调合状态设置不同的调合头压力控制值
优化调合控制	能够处理多个产品牌号	最多支持10个牌号，非常容易进行成品油的质量升级。比如可以同时支持国Ⅴ/国Ⅵ以及国内/出口(包括成品出口和基础油出口)
	调合规则的开发	调合模型库应涵盖业界最为广泛应用的调合规则，然后在标准调合模型库的基础上开发出满足在线调合优化的各类汽油性质调合模型。调合规则亦会考虑罐底油性质的补偿与调合头性质的补偿
	多个调合头之间的解耦优化	可同时处理多个调合头之间的耦合优化(最多可支持10个调合头)，并同时支持比例配方和流量配方
	需能够灵活选择优化目标(质量过剩最小、成本最低以及配方偏离最小)	在调合优化时，可以根据生产需要选择优化目标，比如可以选择质量过剩最小，也可以选择成本最低，还可以选择两者的组合，以及还可以选择与初始配方的偏离最小
	要求非线性优化器	某些油品的质量指标具有非常强的非线性，必须使用非线性优化器才能更好地处理非线性问题
	每个优化周期的优化报告	每个优化周期都需要有优化报告，以记录和查询每个批次调合的优化过程和结果。这对于系统的维护非常重要
	在线分析仪读数的有效性验证	调合优化软件不仅仅是读取在线分析仪的读数，而且还会对读数进行有效性验证，只有在通过验证之后才能使用。在线分析仪的验证需包括：读数不变、读数高变化率、读数低变化率等，从而确保在线分析仪的有效性。当调合总管分析仪出现故障时，调合优化软件能够提供两种选择：①用上一个好值代替；②使用调合规则的计算值。通过这个功能，可以在分析仪出现短时故障时使在线调合系统更加稳定地运行
	软件必须是成熟的、针对油品调合专用的软件	这样才能保证整个系统的完整性和可靠性

八、现场仪表

1. 流量和压力仪表

各组分油及总管流量测量建议采用精度和可靠性较好的体积或质量流量计，精度在0.3%以内。调合总管的背压控制，可以采用可靠性较高的压力变送器，要求精度在1.5%以内。

2. 调节控制阀

由于调合的连续性要求很高，而调节阀的故障会直接影响调合的正常进行，所以建议采用高可靠性和高质量的调节阀，同时注意调节阀的量程范围和线性度，要求调节阀在量程范围的20％到70％之间均具有较好的线性度。如果一个组分油泵同时为两条调合线供料，需要考虑泵的量程范围与两个调节阀量程范围的匹配，特别是在小流量时如何控制。

3. 泵

泵的量程范围的选择需要考虑一定余量。

4. 在线分析仪

仿真调合使用流程模拟软件对调合结果进行模拟仿真计算，并不使用真实的分析仪。

5. 电动阀

为了提高汽油调合的自动化水平和操作效率，在储罐的进口和出口较多地采用自动执行机构，BRC自动执行顺序和任务。参与调合的组分罐的出口和成品罐的进口处，应采用高可靠性的自动执行机构和阀体，保证调合的连续性。其他地方可以选用一般的自动执行机构和阀体。

九、现场设备

1. 管路设计、制造、安装

（1）管路材质　管线均采用符合国家标注的工业管路，材质为不锈钢。管壁外径为32mm以上管壁厚度为3mm，外径为25mm以下的厚度为2.5mm。

（2）工艺配管设计　管线设计遵照横平竖直的原则。各管线垂直正交安装，克服斜线的不规则感。

适当增加多种化工配管方式，使实训装置具有典型代表意义。例如，再沸器除单台立式安装外，增加循环式热虹吸双再沸器流程。管路走向与管架互为垂直。主设备和管路之间采用法兰连接方式，管路之间连接牢固。

采用标准工程管径的管道，以便实现标准化，减少管件、接头的种类，便于安装和更换备件。要求管径大小与产能相一致。

对所有管路按安装规范排序编号。

跨框架的管线原则上汇至框架管架顶部的同一层管架的固定编号位置敷设，其余以此类推。

沿主要设备外壁敷设的管线，遵照设计规范必须尽量靠近塔壁。这些管线同时可以对设备的上部和中部起到支撑作用，因此设计中应对这些管线加强固定措施。

2. 静、动设备的设计、制造、安装

① 装置中各设备的尺寸按照工业装置等比例缩小的总原则设计，要求整体美观、协调，并具有真实工业装置氛围。静设备材料均选用304不锈钢材质，设备壁厚不小于4mm，满足安装和使用要求。

② 设备中所用到的钢材的品种、规格、性能均符合现行国家产品标准和设计要求。

③ 设备中用到的法兰、管件、阀门等的品种、规格、性能等符合现行国家产品标准和

设计要求。

④ 设备的连接件螺栓等紧固标准件的品种、规格、性能等符合国家产品标准和设计要求。

⑤ 设备焊接材料的品种、规格、性能等符合现行国家产品标准和设计要求。

⑥ 设备操作台架外涂氟碳漆，其材料的品种、规格、性能等符合现行国家产品标准和设计要求。

⑦ 设备所用到的橡胶垫等特殊材料，其品种、规格、性能等应符合现行货架产品标准和设计要求。

⑧ 考虑各设备的高（长）和直径的相对大小，主设备适度加大直径，以便突出主设备。特别是对于主要设备，应保持高径比在适度的范围内，以使设备外观协调。同时，加大直径有利于增加设备的稳定度和强度，有利于设置人孔观察设备结构，有利于设备外设置多层平台和攀梯，同时在视觉上也更加协调。

⑨ 主要运转设备要设置备用设备，做到一开一备。

⑩ 部分动设备需加防护罩、噪声较大的设备加隔音板。

⑪ 设备的明显位置用标牌注明设备位号和名称，便于学员学习。

3. 阀门设计、制造、安装

阀门的规格参见表 6-7。

表 6-7　阀门的规格参数

序号	名称	规　格
1	远程自动控制阀	现场自动控制阀采用控制阀外壳，现场不显示阀门开度
2	现场可调阀	阀门开度转化为 PLC 接收的电信号
		现场带 0～100％显示
3	现场开关阀	阀门开度转化为 PLC 接收的电信号
		现场开关量显示
4	安全阀	现场开关量显示

① 现场手动开关阀。所有现场开关型手动阀门要求能够输出开度信号到中控室，并有现场开关状态显示。设计位置应当处于方便操作的位置，尽可能分布于设备的外侧面，且高度适中，不应过高或过低。设备的位置应满足操作阀门布局和工艺流程两个方面的要求。现场手动开关阀为球阀。

② 远程自动控制阀。所有现场远程自动控制阀可采用控制阀外壳，要求现场显示阀门开度。设计位置应当处于方便操作的位置，尽可能分布于设备的外侧面，且高度适中，即不应过高或过低。

③ 安全阀。所有安全阀要求将中控开关信号传到现场，并有现场阀门开度状态显示。设计位置应当处于方便操作的位置，尽可能分布于设备的外侧面，且高度适中，即不应过高或过低。

④ 阀门安装要求。在所有的手动阀门和控制阀门的位置用标牌标明阀门位号，便于学员了解阀门在工艺流程中的位置和作用。所有阀门采用不锈钢 304 材质。

⑤ 仪表设计、制造、安装。压力、温度等参数在装置中的检测点应在管线相应安装的传感器外壳上，加标牌标明位号，便于学员了解检测点在流程中的位置。以上参数测量采用真实的变送器外壳，通过内装数字显示仪接收中控信号并于现场显示工艺变量的实时数据。

液位参数应在各设备现场安装由半导体发光元件构成的光柱式液位计，接收中控信号并于现场模拟显示现场液位计动态变化效果。

所有流量检测点，在管线测量位置加一寸法兰取压装置，通过信号取压管连至现场单独配套仪表箱中的传感器外壳内。采用真实的变送器，通过内装光二极管式数字显示仪显示现场工艺变量的实时数据。数字显示仪表、力指针显示仪表的规格见表 6-8。

表 6-8　数字显示仪表（流量、温度）、力指针显示仪表的规格

序号	名称	规　格
1	温度显示仪表	现场数字显示
2	流量显示仪表	现场数字显示
3	压力显示仪表	现场数字显示
4	现场液位计	液柱式显示

十、自控和通讯系统

1. 测控系统

测控系统是仿真工厂的关键部分，通过测控系统，可以使硬件装置与仿真软件联合为一体。测控系统一方面对操作设备的各类模拟电信号（例如泵的开关）进行实时采集，并传送到上位计算机的仿真数学模型中；另一方面将数学仿真模型的运算结果转变成模拟电信号，并传送到现场的各种仪表进行模拟与数字多种方式的实时显示。本测控系统需采用先进的现场总线以太网技术和实时监控技术，要求测控系统可在 100μs 内处理 1000 个分布式 I/O（输入/输出），网络规模几乎无限，可实现最佳纵向集成，控制平台需具有存储容量大、运算速度快、控制实时性能高、可实现复杂软件编程、软件标准化程度好、软件资源丰富等特点。8 通道模拟量输出模块，输出电流为 4～20mA，转换时间 400μs，12 位 D/A 转换精度；8 通道模拟量输入模块，单端 4～20mA 信号输入，转换时间 1.25ms，12 位 A/D 转换精度。

2. OPC 服务器机柜

OPC 服务器需提供如下规范：数据访问（DA）、报警和事件（AE）以及 XML-DA，能够通过 HTTP 以 XML 的格式进行数据交换，以 IIS 插件的方式为基于 Web 的可视化系统或者 C++、NET、JavaScript 应用程序提供变量，数据可通过 HTTP 协议穿过防火墙进行传输。

OPC 通信软件要满足仿真软件与设备装置测控系统的数据交换通信。

用户自定义的对点表，可实时修改设备和数学模型的对应关系。

硬件检测初始校验功能，可自动查找不一致的软硬件状态。

联合通信功能，可将硬件状态传输到其它未和 OPC 服务器通信的机器，使数据状态保持一致。

通用的 OPC 接口，可连接标准的 OPC2.0 Server。

3. 中控（集散）系统

DCS 软件系统以及对应的硬件系统：模块及控制柜，独立的数据采集、输入、输出、存储、显示、处理与运算设备（含安全防火墙和扩展接口）；工程师站、操作员站及显示器；DCS 系统软件和辅助操作台进行事故报警及连锁系统监控等，中控室核心模块等测控设备必须是国际知名品牌。中控系统可实现动态实时数据库、各类标准画面、各种算法，以及通信的协调配合，完成 DCS 操作站的显示、操作、数据纸质输出等各种功能。DCS 中控系统要与实物装置安全隔离，成为相对独立的系统。

参考文献

蔡智，黄维秋，李伟明等. 油品调合技术. 北京：中国石化出版社，2006.